云南高原湖泊水资源
地面遥感监测技术研究

王杰　张世强　黄昌　曹言　毛建忠　编著

中国水利水电出版社
www.waterpub.com.cn
·北京·

内 容 提 要

本书依据国内外湖泊水资源遥感技术监测的现状，在调查收集云南滇池、洱海、程海、泸沽湖、抚仙湖、星云湖、异龙湖、杞麓湖和阳宗海等九大高原湖泊地面水量、水质和遥感资料的基础上，开展了基于多源卫星数据的云南九大高原湖泊水量和部分水质参数的定量反演研究。主要内容包括云南省九大高原湖泊水资源开发利用现状分析、基于多源卫星数据的高原湖泊水资源量和水质反演模型的构建、基于多源卫星数据的高原湖泊水量和水质的动态反演以及综合地面-多源卫星数据的高原湖泊水资源动态监测系统研发等。

本书可供水资源、自然地理与资源环境、环境科学等相关行业的科技人员、管理人员参考阅读。

图书在版编目（CIP）数据

云南高原湖泊水资源地面遥感监测技术研究 / 王杰
等编著. -- 北京：中国水利水电出版社，2018.5
　ISBN 978-7-5170-6548-7

　Ⅰ．①云… Ⅱ．①王… Ⅲ．①遥感技术－应用－高原
－湖泊－水资源管理－监测－研究－云南 Ⅳ.
①TV213.3

中国版本图书馆CIP数据核字(2018)第140555号

书　　名	**云南高原湖泊水资源地面遥感监测技术研究** YUNNAN GAOYUAN HUPO SHUIZIYUAN DIMIAN YAOGAN JIANCE JISHU YANJIU
作　　者	王杰　张世强　黄昌　曹言　毛建忠　编著
出版发行	中国水利水电出版社 （北京市海淀区玉渊潭南路 1 号 D 座　100038） 网址：www.waterpub.com.cn E-mail：sales@waterpub.com.cn 电话：(010) 68367658（营销中心）
经　　售	北京科水图书销售中心（零售） 电话：(010) 88383994、63202643、68545874 全国各地新华书店和相关出版物销售网点
排　　版	中国水利水电出版社微机排版中心
印　　刷	北京虎彩文化传播有限公司
规　　格	170mm×240mm　16 开本　11.5 印张　219 千字
版　　次	2018 年 5 月第 1 版　2018 年 5 月第 1 次印刷
印　　数	001—500 册
定　　价	**60.00 元**

凡购买我社图书，如有缺页、倒页、脱页的，本社营销中心负责调换

前　言

　　云南是一个高原湖泊众多的省份，湖泊面积30km²以上的就有滇池、阳宗海、抚仙湖、星云湖、杞麓湖、洱海、泸沽湖、程海、异龙湖，称为九大高原湖泊（以下简称"九湖"），九湖是云南水资源的重要载体。九湖流域面积为8110km²，湖面面积为1042km²，湖容量为302亿 m³。九湖流域面积尽管只占全省总面积的2.1%，但人口约占全省人口总数的11%，是全省居民最密集、人为活动最频繁、经济最发达的地区。目前九湖的水质监测点为30多个，由于水质的空间异质性，九湖稀疏的水质观测点难以支撑对九湖水质空间分布及动态监测的巨大需求，也不利于水质应急管理。

　　基于以上背景，由云南省水利水电科学研究院牵头，联合云南省水文水资源局和中国科学院寒区旱区环境与工程研究所申请的水利部公益性行业科研专项经费项目"云南高原湖泊水资源地面遥感监测技术研究"于2014年3月启动了相关研究工作。本书是项目组历经3年时间形成的研究成果。

　　本书共分7章，第1章总结了湖泊水资源遥感监测国内外研究的现状，建立了技术路线；第2章分析了2008—2014年云南省九大高原湖泊水资源开发利用现状，根据各湖泊水环境特征的不同，确定了各湖泊的水质重点监测指标；第3章综合不同时空分辨率的卫星数据开展了云南省高原湖泊水位和面积反演算法研究，以及粗分辨率遥感数据的亚像元分析技术研发，比较分析了不同反演结果之间的差异原因，开发了不同遥感反演结果的融合算法，并将遥感反演结果与湖泊面积-水位-容量曲线结合获取了湖泊水量的动态变化；第4章开展了不同遥感卫星湖泊水质（富营养化指数、叶绿素a、总氮、总磷）反演算法研究，并与同期地面监测站点的观测数据进行对比，提出了九大高原湖泊水质反演精度最高的适用算法；第5章基于高分辨率遥感影像解译得到了1989—2015年云南九大高原湖泊边界，并由此计算得到了湖泊水面面积的动态变化；第6章分析了2008—2015年云南省九大高原湖泊主要水质指标（高锰酸盐指数、氨氮、总磷和总氮）的变化趋势；第7章介绍了利用地理信息系统技术、网络信息技术，并集成发展的遥感水量和水质反演算法，形成了包括遥感数据自动下载、预处理，湖泊面积、水量和水质的遥感自动反演与结果可视化的云南高原湖泊水资源动态测报系统。

本书第1章由王杰、曹言、张雷、王树鹏撰写，曹言完成文献分析；第2章由毛建忠、谢永红、孙燕利撰写，孙燕利完成文献分析；第3章由张世强、黄昌、种丹撰写，种丹完成文献分析；第4章由张世强、黄昌、王杰、种丹撰写，种丹完成文献分析；第5章由张世强、王杰、种丹、李浩杰撰写，李浩杰完成文献分析；第6章由谢永红、王杰、王树鹏、毛建忠、孙燕利撰写，孙燕利完成文献分析；第7章由王杰、曹言、白致威、张雷、王树鹏、嵇涛撰写，嵇涛完成文献分析。所有撰稿人员均参与了其他章节的交叉审稿。本书的出版得到了云南省水利厅科技外事处、云南省水文水资源局、中国科学院地理科学与资源研究所、云南省水利水电科学研究院等相关单位领导和专家的大力帮助，在此深表谢意。

本书旨在与国内外专家学者进行高原湖泊水资源监测技术的交流讨论，希望能够为水资源动态监测水平的提高提供一定参考，同时也为云南省其他行业应用卫星遥感技术提供经验借鉴。由于参加编写的人员较多，书中难免有错误及疏漏之处，非常期待读者给予批评指正。

作者

2018年3月

目 录

1

绪　　论

1.1　研究背景

云南省境内河流众多，径流面积在 $100km^2$ 以上的河流有 908 条，分属长江、珠江、红河、澜沧江、怒江和独龙江六大水系，其中珠江、红河发源于云南省境内，其余均发源于青藏高原，为过境河流。红河、澜沧江、怒江、独龙江为国际河流，分别流往越南、老挝和缅甸等国家，统称西南国际河流。全省多年平均年降水量为 1278.8mm，水资源总量为 2210 亿 m^3，排全国第 3 位，人均水资源量近 $5000m^3$。

云南省也是一个高原湖泊众多的省份，湖泊面积 $30km^2$ 以上的有 9 个，分别为滇池、阳宗海、抚仙湖、星云湖、杞麓湖、洱海、泸沽湖、程海、异龙湖，称为九大高原湖泊（以下简称"九湖"）。九湖是云南省水资源的重要载体。九湖流域面积为 $8110km^2$，湖面面积为 $1042km^2$，湖容量为 302 亿 m^3。九湖流域面积只占全省总面积的 2.1%，人口约占全省人口总数的 11%，但却是全省居民最密集、人类活动最频繁、经济最发达的地区，每年创造的国内生产总值占全省国内生产总值的 1/3 以上。九湖流域还是云南省粮食的主产区，汇集全省 70% 以上的大中型企业，云南省的经济中心、重要城市也大多位于九湖流域内，对全省的国民经济和社会发展起着至关重要的作用。九湖从整体上看具有支持大都市发展、支持农业发展（特别是现代农业发展）、支持旅游业发展和支持特色产品开发四大功能。因此，九湖水资源对云南省经济社会的发展举足轻重，具有不可替代的作用。

此外，云南高原湖泊以构造断陷湖为主，具有封闭-半封闭特点。受降水季节性的影响（降水量小、蒸发量大，雨季短、旱季长），湖泊流域内水资源普遍贫乏且时空分布不均，湖盆内过境客水少，加上湖泊换水周期长等特点，造成云南省高原湖泊生态系统比较脆弱。如何使湖泊维持在一定的良性生态环境基础上，最大限度地发挥其作用，是云南省政府和水利部门非常关心的问题，也是当前水生态文明建设的核心问题。这就对九湖流域的水资源精细化管理提出了更高的要求。

1

云南省委、省政府始终把九湖治理作为头等大事来抓。2007 年启动了"七彩云南保护行动"，对高原湖泊持续开展了大规模的保护和治理工作。然而，由于工业化进程、城市人口的增长和生活方式的变化，日益严重的湖泊污染以及水资源短缺成为制约九湖流域经济社会发展的重大问题，加之湖泊污染存量大，污染源还没有完全杜绝，截污治污体系尚未完善，湖泊良性生态环境体系尚未形成，2010 年抚仙湖（Ⅰ类）、泸沽湖（Ⅰ类）、程海（Ⅲ类）达到水环境功能要求，而滇池（劣Ⅴ类）、洱海（Ⅲ类）、星云湖（劣Ⅴ类）、杞麓湖（劣Ⅴ类）、异龙湖（劣Ⅴ类）、阳宗海（Ⅲ类）还未达到水环境功能要求。2012 年与 2010 年年底相比，九湖综合营养状态指数均有不同程度下降。根据国内外湖泊治理的经验，一般至少需要 10～20 年湖泊治理才可能取得较明显的效果。高原湖泊由于本身缺乏外来水源，水体更新缓慢，加上社会经济发展水平的限制，加剧了湖泊治理的难度和长期性。因此，九湖治理具有复杂性、长期性和艰巨性的特点。

鉴于高原湖泊在云南省经济、社会、生活中扮演着十分重要的角色，水利部门十分重视高原湖泊的水资源管理和水污染治理。就云南九湖的监测现状来看，已建立 30 多个地面监测点，就水域面积最大的滇池来看（水面面积 309.5km²），其水质监测点有 8 个。由于水质的空间异质性，目前，九湖稀疏的水质观测点难以支撑对九湖水质空间分布及动态监测的巨大需求，也不利于水质应急管理。为此，云南省水利水电科学研究院、中国科学院寒区旱区环境与工程研究所和云南省水文水资源局发挥各自"产-学-研"的优势，由云南省水利水电科学研究院牵头申报了 2014 年度水利部公益性行业科研专项经费项目"云南高原湖泊水资源地面-遥感监测技术研究"（201401026）。该项目旨在开发云南高原湖泊水量和水质的动态监测关键技术和监测系统，为九湖水量和水质的常态化监测、突发污染事件的动态跟踪等提供科技支撑，也为云南众多水源地的宏观监测提供技术借鉴。

1.2 研究内容与技术路线

1.2.1 研究内容

本书以云南滇池、洱海、程海、泸沽湖、抚仙湖、星云湖、异龙湖、杞麓湖和阳宗海等九湖为研究对象，对云南九湖水资源开发利用现状和富营养化的主要成因进行分析，确定各湖泊所面临的主要问题和水质监测对象，分析遥感动态监测的可行性；以地面水量、水质观测数据为基础，开展基于多源卫星数据的云南九湖水量和部分水质参数的定量反演；整合 WebGIS 技术和 GIS 分析技术，研发基于多源卫星的云南高原湖泊水资源监测系统。本书主要研究内容包括以下几个方面：

（1）云南九湖水资源开发利用现状分析。利用云南省水文水资源局现有观测资料，对云南九湖的水资源开发利用现状进行分析，特别是 2008 年以来的水资源开发的动态变化。利用 2008 年以来观测的湖泊水质观测资料，分析九湖富营养化的主要成因，根据各湖泊水环境特征的不同，确定各湖泊的水质重点监测指标。在充分调查研究的基础上分析利用遥感资料对重点监测指标进行动态监测的可行性。

（2）基于多源卫星数据的高原湖泊水资源量动态反演关键技术。分析高原湖泊水位及面积对卫星数据时间和空间分辨率的要求，以高分辨率遥感影像为基准，综合不同时空分辨率的卫星数据开展云南高原湖泊水位和面积反演算法研究，以及粗分辨率遥感数据的亚像元分析技术研究。对比不同卫星遥感数据获取的反演结果，分析不同反演结果之间的差异原因，开发不同遥感反演结果的融合算法。将遥感反演结果与湖泊面积-水位-容量曲线结合获取湖泊水量的动态变化。通过湖泊水量动态变化研究，为水资源的精细化管理提供技术支持。

（3）基于多源卫星数据的高原湖泊水质动态监测关键技术。综合多源卫星数据，对不同遥感卫星开展湖泊水质（富营养化指数、叶绿素 a、总氮、总磷）反演算法研究，与同期地面监测站点的观测数据进行对比，分析其不确定性，提出九湖水质反演精度最高的适用算法。完善遥感数据预处理算法，提高处理的自动化程度。

（4）综合地面-多源卫星数据的高原湖泊水资源动态监测系统研发。以 J2EE 为平台进行开发，通过整合 WebGIS 技术和 GIS 分析技术，集成遥感反演的关键技术，形成包括遥感数据自动下载、预处理，湖泊面积、水量和水质的遥感自动反演和结果可视化的云南高原湖泊水资源动态测报系统。

本书在总结湖泊水量水质遥感反演、监测系统构建等国内外文献基础上，开展了九湖流域综合考察，收集 2008—2015 年九湖全部 34 个水质监测点水质监测资料和相关自然概况、用水、规划等资料；基于高空间分辨率 SOPT 卫星影像、高时间分辨率 MODIS 卫星影像和国产的灾害小卫星 HJ1A/B 影像开展了云南九湖水量水质反演算法研究，并进行了验证和优化，应用 Web-GIS 技术和 GIS 分析技术，集成开发了遥感反演算法和融合算法，完成了云南九湖动态监测系统的研发。

1.2.2 技术路线

本书研究的技术路线如图 1.1 所示。

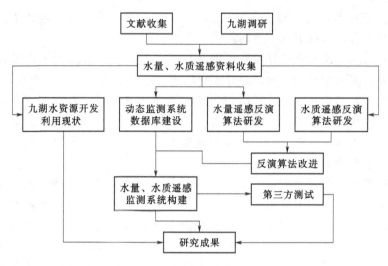

图1-1 本书研究的技术路线

1.3 水位和水质观测站点分布

（1）监测站点。2008 年以来，九湖共布设了 34 个水质监测点位，监测点分布情况及监测频次详见表1.1。

表 1.1 九湖水质监测站点一览表

湖泊名称	测站名称	流域	水资源四级区	所属功能区		测站位置	年测次	监测月份	备注
				一级区名称	二级区名称				
滇池	断桥	长江	滇池流域	滇池昆明市开发利用区	滇池昆明草海工业、景观用水区	西山区滇池草海断桥	12	每月	*
	外草海中心	长江	滇池流域	滇池昆明市开发利用区	滇池昆明草海工业、景观用水区	西山区滇池草海中心	12	每月	
	海埂（水文站）	长江	滇池流域	滇池昆明市开发利用区	滇池北部西部农业、景观用水区	西山区海埂公园	12	每月	*
	白鱼口	长江	滇池流域	滇池昆明市开发利用区	滇池北部西部农业、景观用水区	西山区白鱼口码头	12	每月	*
	中滩	长江	滇池流域	滇池昆明市开发利用区	滇池北部西部农业、景观用水区	西山区海口镇中滩闸	12	每月	*
	五水厂	长江	滇池流域	滇池昆明市开发利用区	滇池东北部饮用、农业用水区	官渡区矣六乡罗家营	6	双月	*

续表

湖泊名称	测站名称	流域	水资源四级区	所属功能区		测站位置	年测次	监测月份	备注
				一级区名称	二级区名称				
阳宗海	阳宗海湖心	珠江	沾曲陆宜	阳宗海开发利用区	阳宗海饮用、景观用水区	宜良县汤池镇阳宗海湖心	12	每月	*
	汤池（水文站）	珠江	沾曲陆宜	阳宗海开发利用区	阳宗海饮用、景观用水区	宜良县汤池镇汤池村	12	每月	
程海	程海湖心	长江		程海开发利用区	程海渔业、工业用水区	永胜县程海乡程海湖心	6	双月	*
	程海东岩村	长江				永胜县程海乡东岩村	6	双月	
	程海半海子（原青草湾）	长江				永胜县程海乡青草湾	6	双月	
	程海河口街（水文站）	长江				永胜县程海乡河口街村	6	双月	
泸沽湖	泸沽湖湖心	长江	盐源、盐边区	泸沽湖保护区		宁蒗县永宁乡泸沽湖湖心区	6	每月	*
	泸沽湖李格村	长江				宁蒗县永宁乡李格村	6	每月	
	泸沽湖落水村	长江				宁蒗县永宁乡落水村	6	每月	
洱海	海印	澜沧江	黑惠江	苍山洱海自然保护区		大理市海印村观音阁	6	双月	
	海东	澜沧江	黑惠江	苍山洱海自然保护区		大理市海东村	6	双月	*
	桃园	澜沧江	黑惠江	苍山洱海自然保护区		大理市喜洲镇桃园村	6	双月	
	崇益	澜沧江	黑惠江	苍山洱海自然保护区		大理市崇益村	6	双月	
	才村	澜沧江	黑惠江	苍山洱海自然保护区		大理市才村	6	双月	*
	团山	澜沧江	黑惠江	苍山洱海自然保护区		大理市团山公园	12	每月	*
	大观邑	澜沧江	黑惠江	西洱河大理开发利用区	西洱河大理景观用水区	大理市市郊乡李后山村	12	每月	

续表

湖泊名称	测站名称	流域	水资源四级区	所属功能区 一级区名称	所属功能区 二级区名称	测站位置	年测次	监测月份	备注
抚仙湖	抚仙湖新河口	珠江	曲江	抚仙湖保护区		澄江抚仙湖北端新河口	6	双月	
	抚仙湖禄充	珠江	曲江			澄江抚仙湖西端禄充村	6	双月	
	抚仙湖隔河	珠江	曲江			澄江抚仙湖南端隔河村	12	每月	*
	抚仙湖海口（水文站）	珠江	曲江			澄江县新村乡海口村	12	每月	
	抚仙湖孤山湖心	珠江	曲江			江川县龙街镇	12	每月	*
杞麓湖	杞麓湖湖心	珠江	曲江	杞麓湖开发利用区	杞麓湖农业、景观用水区	通海县杞麓湖湖心	12	每月	*
	杞麓湖湖管站	珠江	曲江			通海县杞麓湖湖管站	12	每月	
	杞麓湖落水洞	珠江	曲江			通海县秀山镇	6	双月	
星云湖	星云湖心	珠江	曲江	星云湖开发利用区	星云湖渔业、景观用水区	江川县星云湖湖心	12	每月	*
	星云海门桥	珠江	曲江				12	每月	
异龙湖	异龙湖湖心	珠江	泸江	异龙湖开发利用区	异龙湖农业、景观用水区	石屏县异龙镇仁寿村	6	双月	*
	异龙湖坝心	珠江	泸江	异龙湖开发利用区	异龙湖农业、景观用水区	石屏县异龙湖东部坝心村	12	每月	

注 "*"表示增加浮游植物的监测站点。

（2）监测项目。

1）理化指标。按《地表水环境质量标准》（GB 3838—2002）要求，结合九湖水质特征和水资源管理要求，确定监测项目为气温、气压、水温、透明度、pH、溶解氧、高锰酸盐指数（当大于15mg/L时测定化学需氧量）、五日生化需氧量、氨氮、总磷、总氮、铜、锌、氟化物、硒、砷、汞、镉、六价铬、铅、氰化物、挥发酚、石油类、阴离子表面活性剂、硫化物、硫酸盐、氯化物、硝酸盐、总硬度共29项。其中，阴离子表面活性剂、硫化物、硒、石油类、总硬度5个项目每个季度监测一次。

2）水生生物监测。监测项目有浮游动植物种类、密度、优势种群等，以及叶绿素a等。

（3）监测方法。根据《水环境监测规范》（SL 219—2013）和《地表水环境质量标准》（GB 3838—2002）选定水质监测项目标准方法，详见表 1.2。

表 1.2　　　　　　　　湖泊水质监测方法一览表

序号	参数名称	检测标准（方法）名称及编号（含年号）	仪器设备名称、型号、规格
1	水温	水质　水温的测定　温度计或颠倒温度计测定法 GB 13195—1991	棒式玻璃温度计
2	透明度	透明度的测定（透明度计法、圆盘法）SL 87—1994	透明度盘
3	pH	水质　pH 值的测定　玻璃电极法 GB 6920—1986	酸度计
4	溶解氧	水质　溶解氧的测定　电化学探头法 GB 11913—1989	溶解氧分析仪
		水质　溶解氧的测定　碘量法 GB 7489—1987	电子滴定器
5	五日生化需氧量	水质　五日生化需氧量（BOD_5）的测定　稀释与接种法 GB 7488—1987	LRH-250A 生化培养箱
6	高锰酸盐指数	水质　高锰酸盐指数的测定 GB 11892—1989	电子滴定器
7	化学需氧量	水质　化学需氧量的测定　重铬酸盐法 GB 11914—1989	COD 测定仪、滴定管
8	氨氮	水质　铵的测定　纳氏试剂比色法 GB 7479—1987 水质　氨氮的测定　纳氏试剂分光光度法 HJ 535—2009	UV-1600 紫外分光光度计
9	总氮	水质　总氮的测定　碱性过硫酸钾消解紫外分光光度法 GB 11894—1989	紫外可见分光光度计
		连续流动分析法 ISO 11905-1—1997	连续流动分析仪
10	总磷	水质　总磷的测定　钼酸铵分光光度法 GB 11893—1989	紫外可见分光光度计
		连续流动分析法 ISO 15681-2—2003	连续流动分析仪
11	铜	水质　铜、锌、铅、镉的测定　原子吸收分光光度法 GB 7475—1987	
12	锌	水质　铜、锌、铅、镉的测定　原子吸收分光光度法 GB 7475—1987	原子吸收分光光度计
13	铅	生活饮用水标准检测方法　金属指标 GB/T 5750.6—2006	
14	镉	生活饮用水标准检测方法　金属指标 GB/T 5750.6—2006	
15	六价铬	水质　六价铬的测定　二苯碳酰二肼分光光度法 GB 7467—1987	分光光度计

序号	参数名称	检测标准（方法）名称及编号（含年号）	仪器设备名称、型号、规格
16	砷	水质　砷的测定　原子荧光光度法 SL 327.1—2005	原子荧光光谱仪
17	汞	水质　汞的测定　原子荧光光度法 SL 327.2—2005	
18	氰化物	水质　氰化物的测定　第一部分　总氰化物的测定 GB 7486—1987	分光光度计
		连续流动分析法 ISO 14403—2002	连续流动分析仪
19	挥发酚	水质　挥发酚的测定　4-氨基安替比林分光光度法 HJ 503—2009	分光光度计
		连续流动分析法 ISO 14402—1999	连续流动分析仪
20	石油类	水质　石油类和动植物油类的测定　红外光度法 HJ 637—2012	红外测油仪
21	阴离子表面活性剂	水质　阴离子表面活性剂的测定　亚甲蓝分光光度法 GB 7494—1987，	分光光度计
		连续流动分析法 ISO 16265—2009	连续流动分析仪
22	硫化物	水质　硫化物的测定　亚甲基蓝分光光度法 GB/T 16489—1996	分光光度计
		连续流动分析法 YWEC/ZZ.JF 09—2010	连续流动分析仪
23	总硬度	水质　钙和镁总量的测定　EDTA滴定法 GB 7477—1987	
24	硒	水质　硒的测定　原子荧光光度法 SL 327.3—2005	分光光度计
25	氟化物	水质　氟化物的测定　氟试剂分光光度法 HJ 488—2009	分光光度计
		水质　无机离子的测定　离子色谱法 HJ/T 84—2001	离子色谱仪
26	浮游动植物种类、丰度、优势种群、密度等	海洋监测规范　第7部分：近海污染生态调查和生物监测 GB 17378.7—2007 水和废水监测分析方法（第四版）	多功能倒置显微镜
27	叶绿素 a	水质　叶绿素的测定　分光光度法 SL 88—2012	分光光度计

1.4 水质地面监测和评价方法

采用单因子标准对比评价法确定湖泊水质类别，评价标准采用《地表水环境质量标准》（GB 3838—2002），见表 1.3，凡水质类别劣于Ⅲ类的项目为超标项目。

表 1.3 《地表水环境质量标准》（GB 3838—2002）基本项目标准限值

序号	项目名称	Ⅰ类	Ⅱ类	Ⅲ类	Ⅳ类	Ⅴ类
1	水温/℃	人类造成的环境水温变化应限制在：周平均最大升温≤1，周平均最大降温≤2				
2	pH（无量纲）	6～9				
3	溶解氧/（mg/L）	饱和率90%（或≥7.5）	≥6	≥5	≥3	≥2
4	高锰酸盐指数/（mg/L）	≤2	≤4	≤6	≤10	≤15
5	化学需氧量（COD）/（mg/L）	≤15	≤15	≤20	≤30	≤40
6	五日生化需氧量（BOD_5）/（mg/L）	≤3	≤3	≤4	≤6	≤10
7	氨氮（NH_4-N）/（mg/L）	≤0.15	≤0.5	≤1.0	≤1.5	≤2.0
8	总磷（以 P 计）/（mg/L）	≤0.02（湖、库≤0.01）	≤0.1（湖、库≤0.025）	≤0.2（湖、库≤0.05）	≤0.3（湖、库≤0.1）	≤0.4（湖、库≤0.2）
9	总氮（以湖、库 N 计）/（mg/L）	≤0.2	≤0.5	≤1.0	≤1.5	≤2.0
10	铜/（mg/L）	≤0.01	≤1.0	≤1.0	≤1.0	≤1.0
11	锌/（mg/L）	≤0.05	≤1.0	≤1.0	≤2.0	≤2.0
12	氟化物（以 F^- 计）/（mg/L）	≤1.0	≤1.0	≤1.0	≤1.5	≤1.5
13	硒/（mg/L）	≤0.01	≤0.01	≤0.01	≤0.02	≤0.02
14	砷/（mg/L）	≤0.05	≤0.05	≤0.05	≤0.1	≤0.1
15	汞/（mg/L）	≤0.00005	≤0.00005	≤0.0001	≤0.001	≤0.001
16	镉/（mg/L）	≤0.001	≤0.005	≤0.005	≤0.005	≤0.01
17	铬（六价）/（mg/L）	≤0.01	≤0.05	≤0.05	≤0.05	≤0.1
18	铅/（mg/L）	≤0.01	≤0.01	≤0.05	≤0.05	≤0.1
19	氰化物/（mg/L）	≤0.005	≤0.05	≤0.2	≤0.2	≤0.2
20	挥发性酚类/（mg/L）	≤0.002	≤0.002	≤0.005	≤0.01	≤0.1
21	石油类/（mg/L）	≤0.05	≤0.05	≤0.05	≤0.5	≤1.0
22	阴离子表面活性剂/（mg/L）	≤0.2	≤0.2	≤0.2	≤0.3	≤0.3
23	硫化物/（mg/L）	≤0.05	≤0.1	≤0.2	≤0.5	≤1.0

（1）水体污染程度评价。用均值型综合污染指数法对高原湖泊主要污染项目作水体污染程度评价，计算公式为

$$P = \frac{1}{n} \sum P_i \qquad (1.1)$$

其中

$$P_i = C_i / C_{i0}$$

式中：P 为综合污染指数；n 为评价参数数量；P_i 为第 i 项污染物的污染指数；C_i 为第 i 项污染物的监测值；C_{i0} 为第 i 项污染物的水质标准值。

水质标准值采用《地表水环境质量标准》（GB 3838—2002）中的Ⅲ类标准值，根据 P 值的大小按表 1.4 标准确定水质污染情况。

表 1.4　　　　　　　　　地表水环境质量分级标准

水质级别	P 值	分 级 依 据
清洁	$P < 0.2$	多数项目未检出，个别检出值也在Ⅴ类标准内
尚清洁	$0.2 \leqslant P < 0.4$	检出值均在标准内，个别接近Ⅴ类标准
轻污染	$0.4 \leqslant P < 0.7$	个别项目检出值超过Ⅴ类标准值
中污染	$0.7 \leqslant P < 1.0$	有两个项目检出值超过Ⅴ类标准值
重污染	$1.0 \leqslant P < 2.0$	相当一部分检出值超过Ⅴ类标准值
严重污染	$P \geqslant 2.0$	相当一部分检出值超过Ⅴ类标准值数倍或几十倍

（2）营养状态评价。按《地表水资源质量评价技术规程》（SL 395—2007）的相关规定，湖库型水源地营养状态评价采用指数法，评价项目为总磷、总氮、高锰酸盐指数、透明度、叶绿素 a 等 5 项。对照表 1.5，采用线性插值法将水质项目浓度值转换为赋分值，按式（1.2）计算营养状态指数 EI：

$$EI = \sum_{n=1}^{N} E_n / N \qquad (1.2)$$

式中：EI 为营养状态指数；E_n 为评价项目赋分值；N 为评价项目个数。

参照表 1.5，根据营养状态指数确定营养状态分级。

表 1.5　　　　　　湖泊（水库）营养状态评价标准及分级方法

富营养化程度	评分值	总磷 / (mg/L)	总氮 / (mg/L)	高锰酸盐指数 / (mg/L)	透明度 /m	叶绿素 a / (mg/L)
贫营养 $0 \leqslant EI \leqslant 20$	10	0.001	0.020	0.15	10.00	0.0005
	20	0.004	0.050	0.40	5.00	0.0010
中营养 $20 < EI \leqslant 50$	30	0.010	0.100	1.0	3.00	0.0020
	40	0.025	0.300	2.0	1.50	0.0040
	50	0.050	0.500	4.0	1.00	0.0100
轻度富营养 $50 < EI \leqslant 60$	60	0.100	1.00	8.0	0.50	0.0260

富营养化程度	评分值	总磷 / (mg/L)	总氮 / (mg/L)	高锰酸盐指数 / (mg/L)	透明度 /m	叶绿素 a / (mg/L)
中度富营养 60<EI≤80	70	0.200	2.00	10.0	0.40	0.0640
	80	0.600	6.00	25.0	0.30	0.1600
重度富营养 80<EI≤100	90	0.900	9.00	40.0	0.20	0.4000
	100	1.30	16.0	60.0	0.12	1.00

注　在同一营养状态下，指数值越高，其富营养化程度越重。

（3）水功能区水质类别评价。水功能区水质类别评价执行《地表水资源质量评价技术规程》（SL 395—2007）中"地表水水质评价"相关条款的规定，根据水功能区代表水质站进行水功能区水质类别评价。

1）水功能区月评价。按月对单个水功能区进行达标评价。所有参评项目均满足水质类别管理目标要求的水功能区为水质达标水功能区；有任何一项不满足水质类别管理目标要求的水功能区为水质不达标水功能区。

单项水质类别劣于管理目标类别的项目为超标项目，超标倍数按式（1.3）计算（溶解氧不计算超标倍数）：

$$FB_i = \frac{FC_i}{FS_i} - 1 \tag{1.3}$$

式中：FB_i 为某项目超标倍数；FC_i 为某项目浓度值，mg/L；FS_i 为某项目水质管理目标浓度限值，mg/L。

超标项目按超标倍数由高至低排序，排在前三位的为本月该水功能区的主要超标项目。

2）水功能区水期或年度评价。水期或年度水功能区达标评价应在各水功能区每月达标评价成果基础上进行。在评价年度内，达标率大于（含等于）80%的水功能区为水期或年度达标水功能区。水期或年度水功能区达标率按式（1.4）计算：

$$FD = \frac{FG}{FN} \times 100\% \tag{1.4}$$

式中：FD 为水期或年度水功能区达标率；FG 为水期或年内达标月数；FN 为水期或年内评价月数。

水期或年度水功能区超标项目根据水质项目水期或年度的超标率确定。水期或年度超标率大于20%的水质项目为水期或年度水功能区超标项目。将水期或年度水功能区超标项目按超标率由高到低排序，排在前三位的超标项目为水期或年度水功能区主要超标项目。水质项目水期或年度超标率应按式

（1.5）计算：

$$FC_i = (1 - \frac{FG_i}{FN_i}) \times 100\% \tag{1.5}$$

式中：FC_i 为水质项目水期或年度超标率；FG_i 为水质项目水期或年度达标次数；FN_i 为水质项目水期或年度评价次数。

（4）藻类评价。

1）水华风险评估。参照《全国重点湖库藻类试点监测技术规程（暂行）》，根据藻细胞密度，结合采样现场观察情况，作相应的水华风险评估，有关参照标准见表 1.6。

表 1.6　　　　　　　　　藻细胞密度与水华风险评估参照标准

藻细胞密度/（万个/L）	含量水平	水华风险评估
<100	低	不具条件
100~1000	中等	初具条件
>1000	高	临界状态或水华发生 （水表层藻类明显群聚且水色改变）

藻细胞密度是衡量水华发生与否和发生程度的一个最直接指标，但不同水域藻细胞个体体积、富集方式均存在较大差异，用藻细胞密度来直接判定水华风险至今还未形成统一的标准。结合目前国内相对认可的藻细胞密度对应水华风险判别的经验值，拟定藻细胞密度对应水华风险的评估标准。

2）生物多样性评价。生物指标可以简便、直接地反映水体浮游植物的生态现状。本书采用 Shannon - Weaver 生物多样性指数（H'）、均匀度（e）、丰度（D）和优势度（d）对水质进行评价。

$$H' = -\sum (n_i/N) \log_2 (n_i/N) \tag{1.6}$$

$$e = H/H_{max}, \quad H_{max} = \lg S \tag{1.7}$$

$$D = (S-1)/\log_2 N \tag{1.8}$$

$$d = (n_1 + n_2)/N \tag{1.9}$$

式中：n_i 为 i 种的个体数；N 为总个体数；S 为总种类数；n_1、n_2 分别为第 1 优势种和第 2 优势种个体数。

Shannon - Weaver 生物多样性指数可以反映水体的水质状况，当 $H' > 3$ 时为水质清洁，当 $2 < H' \leqslant 3$ 时为轻度污染，当 $1 < H' \leqslant 2$ 时为中度污染，当 $0 < H' \leqslant 1$ 时为重度污染，当 $H' = 0$ 时为严重污染。均匀度也可反映水体的水质状况，当 $0 < e \leqslant 0.3$ 时为多污染带，当 $0.3 < e \leqslant 0.4$ 时为 α 中污带，当 $0.4 < e \leqslant 0.5$ 时为 β 中污带，当 $e > 0.5$ 时为寡污带。一般情况下，健康环境的生物丰度高，优势度低，而污染环境的生物丰度低，优势度高。

（5）水质变化趋势分析。根据《地表水资源质量评价技术规程》（SL 395—2007），水质变化趋势分析采用季节性 Kendall 检验法，其原理是对历年相同月（季）的水质资料进行比较，如果后面的值（时间上）高于前面的值记为"＋"号，否则记为"－"号。如果正号的个数比负号的个数多，则可能为上升趋势，类似地，如果负号的个数比正号的个数多，则可能为下降趋势。如果水质资料不存在上升或下降趋势，则正、负号的个数各占 50%。

众所周知，河流湖泊的流量、水位具有一年一度的周期性变化，水质组分浓度大多受流量、水位的周期性变化影响，因此，将汛期与非汛期的水质资料进行比较缺乏可比性。季节性 Kendall 检验定义为水质资料在历年相同月份间的比较，从而避免了季节性的影响。同时，由于数据比较只考虑数据相对排列而不考虑其大小，故能避免水质资料中常见的漏测值问题，也使奇异值对水质趋势分析的影响降到最低。

对于季节性 Kendall 检验来说。零假设 H_0 为随机变量与时间独立，假定全年 12 个月的水质资料具有相同的概率分布。

设有 n 年 P 月的水质资料观测序列 X 为

$$x = \begin{bmatrix} x_{11} & x_{12} & \cdots & x_{1p} \\ x_{21} & x_{22} & \cdots & x_{2p} \\ \vdots & \vdots & \ddots & \vdots \\ x_{n1} & x_{n2} & \cdots & x_{np} \end{bmatrix} \tag{1.10}$$

式中：x_{11}，$\cdots$，x_{np} 为月水质浓度观测值。

1）对于 P 月中第 i 月（$i \leqslant P$）的情况。令第 i 月历年水质系列相比较（后面的数与前面的数之差）的正负号之和 S_i 为

$$S_i = \sum_{k=1}^{n-1} \sum_{j=k+1}^{n} G(x_{ij} - x_{ik}) \ (1 \leqslant k < j \leqslant n) \tag{1.11}$$

其中
$$G(x_{ij} - x_{ik}) = \begin{cases} 1, x_{ij} - x_{ik} > 0 \\ 0, x_{ij} - x_{ik} = 0 \\ -1, x_{ij} - x_{ik} < 0 \end{cases} \tag{1.12}$$

由此，第 i 月内可以做比较的差值数据组个数 m_i 为

$$m_i = \sum_{k=1}^{n-1} \sum_{j=k+1}^{n} |G(x_{ij} - x_{ik})| = \frac{n_i(n_i - 1)}{2} \tag{1.13}$$

式中：n_i 为第 i 月内水质系列中非漏测值的个数。

在零假设下，随机序列 S_i（$i = 1, 2, \cdots, p$）近似地服从正态分布，则 S_i 的均值和方差如下。

均值：

$$E\ (S_i)\ =0 \tag{1.14}$$

方差：

$$\sigma_1^2 = \mathrm{Var}(s_i) = n_i(n_i-1)(2n_i+5)/18 \tag{1.15}$$

若 n_i 个非漏测值中有 t 个数相同，则 σ_i^2 为

$$\sigma_i^2 = \mathrm{Var}(s_i) = \frac{n_i(n_i-1)(2n_i+5)}{18} - \frac{\sum_t t(t-1)(2t+5)}{18} \tag{1.16}$$

2）对于 P 月总体情况。

令

$$S = \sum_{i=1}^{P} S_i, m = \sum_{i=1}^{P} m_i \tag{1.17}$$

在零假设下，P 月 S 的均值和方差如下。

均值：

$$\mathrm{E}(s) = \sum_{i=1}^{P} \mathrm{E}(s_i) = 0 \tag{1.18}$$

方差：

$$\sigma^2 = \mathrm{Var}(s) = \sum_{i=1}^{P} \sigma_i^2 + \sum_{ih} \sigma_{ih} = \sum_{i=1}^{P} \mathrm{Var}(s_i) + \sum_{i=1}^{P} \sum_{i=h}^{P} \mathrm{Cov}(s_i, s_h) \tag{1.19}$$

式中：S_i 和 S_h（$i \neq h$）都是独立随机变量的函数，即 $S_i = f(X_i)$，$S_h = f(X_h)$，其中 X_i 为 i 月历年的水质序列，X_h 为 h 月历年的水质序列，并且 $X_i \bigcap X_h = \phi$。

因为 X_i 和 X_h 是分别来自 i 月和 h 月的水质资料，并且总体时间序列 X 的所有元素是独立的，故协方差 $\mathrm{Cov}(S_i, S_h) = 0$。将其代入式（1.19），则得

$$\mathrm{Var}(s) = \sum_{i=1}^{P} \frac{n_i(n_i-1)(2n_i+5)}{18} \tag{1.20}$$

当 n 年水质系列有 t 个数相同时，同样有

$$\mathrm{Var}(s) = \sum_{i=1}^{P} \frac{n_i(n_i-1)(2n_i+5)}{18} - \frac{\sum_t t(t-1)(2t+5)}{18} \tag{1.21}$$

Kendall 发现，当 $n \geqslant 10$ 时，S 也服从正态分布，并且标准方差 z 为

$$z = \begin{cases} \dfrac{s-1}{[\mathrm{Var}(s)]^{1/2}}, s > 0 \\[2mm] 0, s = 0 \\[2mm] \dfrac{s+1}{[\mathrm{Var}(s)]^{1/2}}, s < 0 \end{cases} \tag{1.22}$$

3）趋势检验。Kendall 检验计量 t 定义为 $t = S/m$，由此在双尾趋势检

中，如果 $|Z| \leqslant Z_{\alpha/2}$ ，则接受零假设。这里 $FN(Z_{\alpha/2}) = \alpha/2$ ， FN 为标准正态分布函数，即

$$FN = \frac{1}{\sqrt{2\pi}} \int_{|Z|}^{\infty} e^{-\frac{1}{2}t^2} \mathrm{d}t \qquad (1.23)$$

α 为趋势检验的显著水平， α 值为

$$\alpha = \frac{2}{\sqrt{2\pi}} \int_{|Z|}^{\infty} e^{-\frac{1}{2}t^2} \mathrm{d}t \qquad (1.24)$$

水质变化趋势分析结果可分为高度显著上升（＋＋）、显著上升（＋）、无趋势（0）、显著下降（－）和高度显著下降（－－）5 个等级。本书取显著性水平 α 为 0.1 和 0.01，即当 $\alpha \leqslant 0.01$ 时，说明检验具有高度显著性水平，当 $0.01 < \alpha \leqslant 0.1$ 时，说明检验是显著的，当 α 计算结果满足上述两条件时， t 为正则说明具有显著（或高度显著）上升趋势， t 为负则说明具有显著（或高度显著）下降趋势， t 为零则说明无趋势。当 $\alpha > 0.1$ 时，也为无趋势。

1.5　湖泊水资源遥感监测国内外研究进展

1.5.1　水体分布/面积

湖泊对于生态环境具有重要的作用，它们为一系列生物群落提供栖息地，并构成了水、养分和碳循环过程的核心组成部分（Moss，2012）。人类也从湖泊水体提供的各种生态系统服务中受益，从湖泊中提取饮用水和灌溉用水。然而，世界范围内，湖泊水域的这些生态功能正遭受越来越严重的威胁，这些威胁一方面来自于人类的过度利用，另一方面来源于多种因素，包括富营养化、无机和有机物污染、环境变化等的相互作用。受这些因素影响，大部分湖泊水体在近些年来一方面面临着持续萎缩的风险，另一方面面临着水质逐步恶化的形势。因此，对湖泊进行动态监测，观察其水域的动态变化情况，监测其水质的实时走势，不论是对人类生产生活，还是对生态系统健康持续发展，均具有重要的意义。

遥感技术的诞生，使得人类对地球表层的理解达到一个新的阶段，同时也给大范围的湖泊水域动态变化监测和水质反演研究带来了巨大的便利。遥感技术具有大面积同步观测、时效性和经济性等诸多优点，能够大范围、及时快速地监测地表环境的动态变化，与传统的湖泊调查方法相比具有明显的优势，它能够快速地获得大量的地表变化信息，这使得遥感技术成为湖泊研究强有力的技术手段（王海波和马明国，2009）。

1.5.1.1 遥感数据源

用于湖泊水域面积动态监测的遥感数据源大致可以分为两类：光学遥感和微波遥感。其中，光学遥感是指传感器工作波段限于可见光波段范围（$0.38 \sim 0.76 \mu m$）以及红外波段范围（$0.76 \sim 1000 \mu m$）之内的遥感技术，主要利用传感器接收地物反射的太阳辐射，以达到识别地物、提取地表信息的目的。微波遥感是指传感器的工作波长在微波波谱区的遥感技术，是利用某种传感器接收各种地物发射或者反射的微波信号，借以识别、分析地物，提取地表覆盖信息等。

（1）光学传感器。光学传感器获取的遥感影像具有直观、易处理等优点，而且大部分光学传感器，尤其是中低分辨率光学传感器的数据都是公开及免费的，数据获取较为容易，因此，很早就有使用光学传感器来监测湖泊水域面积动态变化的研究。

早在 20 世纪 70 年代，Boland（1976）就使用 Landsat-1 上搭载的多光谱扫描仪（Multi-Spectral Scanner，MSS）获取的多光谱遥感图像来估算湖泊的水域面积。Schneider 等（1985）使用了一系列的 Landsat MSS 图像来监测非洲 Chad 湖 1972—1981 年共 10 年间的水域动态变化，取得了较好的效果。随着 Landsat 系列卫星的相继发射、Landsat 影像存档数据的持续累积、Landsat 影像质量的不断提高，使用 Landsat 数据监测全球各地大小湖泊的相关研究越来越多。例如，Wei 等（2005）使用一系列 Landsat 影像研究了长江中游 4 个湖泊近几十年的变迁；Hui 等（2008）基于时间序列的 Landsat 数据对鄱阳湖的水域动态进行了研究，发现鄱阳湖的水域面积呈现巨大的年内变化特征。Yan 和 Qi（2012）利用 Landsat 系列卫星的影像研究了 1970—2000 年青藏高原湖泊的动态变化。

尽管 Landsat 系列卫星已经积累了一个较长时间序列的遥感数据，但由于卫星轨道的原因，Landsat 的重访周期并不高，导致其数据的时间分辨率有限，一般在 16d 左右，有时，受天气条件等各方面因素的限制导致部分影像不可用或无法获取，使得存档、可用的 Landsat 影像更少，大大限制了使用这类数据对湖泊水域进行连续的动态监测。

相对而言，另外一些空间分辨率相对较低的卫星数据，如美国大气与海洋管理局（NOAA）的甚高分辨率辐射仪（AVHRR）和中等分辨率成像光谱仪（MODIS）等，由于卫星轨道较高，重访周期较短，对于同一地区每天都能获取一景甚至多景遥感数据，时间分辨率远远超过了 Landsat 数据，更容易获取到高密度的长时间序列数据，便于对湖泊水域进行密集的动态监测。例如，刘瑞霞和刘玉洁（2008）采用时间序列的 NOAA/AVHRR 资料，对青海湖湖面进行水体判识，测算了 1988—2007 年青海湖水面面积的变化情况，发现青海湖水面面积在近 20 年呈不断减小的趋势。

MODIS 数据有与 NOAA/AVHRR 数据接近的时间分辨率，但其在空间分辨率，尤其是光谱分辨率及波段数量等方面有 AVHRR 数据无可比拟的优势，因此也受到了更为广泛的关注。龟山哲等（2004）利用 16 d 合成的 MODIS 时间序列数据测算了洞庭湖 2002 年湖区水面面积的变化情况，并在湖区 DEM 数据的配合下，估算了洞庭湖的蓄水量及其在 2002 年内的时空变化。Huang 等（2012）则利用 8d 合成的 MODIS 数据研究了洞庭湖自 2000 年到 2009 年因洪水导致的湖面变化。类似的研究在鄱阳湖（Feng 等，2012）和青藏高原湖泊（车向红等，2015）也开展过。

作为 AVHRR 和 MODIS 的升级和替代传感器，国家极轨卫星计划上搭载的可见光红外扫描仪（Suomi NPP - VIIRS）具有与 MODIS 接近的时间分辨率和空间分辨率，以及相对更高的成像质量和稳定性（Yu 等，2005）。不过，由于其数据获取开始于 2012 年，目前积累的时间序列长度有限，尚无使用该数据进行湖泊监测的案例，但是已有利用该数据对地表水的空间分布进行探测的关键技术（Huang 等，2015；Huang 等，2016a），取得了不错的效果，证明了该数据完全可以用来对湖泊水域进行动态监测。

其他一些不同平台不同分辨率的光学遥感数据也都或多或少地被应用到监测湖泊水域的研究中，包括 SPOT（CHACON - TORRES 等，1992）、IKONOS（Di 等，2003；Li 等，2003）等。

总体来说，这些不同来源的遥感数据都存在一定程度上的时间分辨率和空间分辨率相互制约的现象，有时还存在与光谱分辨率三者之间相互制约的现象，即其中一个分辨率高，另外一个或者两个分辨率则会相对较低。以 Landsat 影像为例，其空间分辨率一般为 30m 左右，能够较好地反映大部分地物的细节，但是其时间分辨率一般要在 16d 左右，意味着其对同一地物的监测间隔为 16d 或更长，这就使得监测的时间分辨率受到了限制，难以捕捉那些快速高频的地物变化；相反，AVHRR、MODIS、Suomi NPP - VIIRS 等影像时间分辨率很高，对同一地物的监测能实现一天一次甚至多次，但是，它们的空间分辨率相对较低，一般在几百米甚至上千米，这使得使用这类影像探测地表水范围的精度受到限制，从而难以探测一些细小的水体。另外，影像的光谱分辨率与空间分辨率之间也常常存在相互制约的现象，例如，Landsat 的多光谱波段光谱分辨率一般为 $10\mu m$ 左右，有 6 个及以上的可用波段，空间分辨率为 30m 左右，而其全色波段的空间分辨率可以提高 1 倍，达到 15m，但其光谱分辨率为 $40\mu m$，只有一个可用波段。类似的现象也存在于

Suomi NPP – VIIRS 数据，该数据主要有两类空间分辨率的波段，一类是750m 的中等分辨率波段（Moderate – resolution band，M – band），另一类是375m 的成像分辨率波段（Imagery – resolution band，I – band）。前者光谱分辨率为 0.02 左右，共 16 个波段；后者光谱分辨率在 0.04 以下，共 5 个波段。

总体来说，可用于监测湖泊水域的光学遥感数据种类很多，各有特点，一般需根据研究区域的特点和研究尺度来选择合适的数据。前者主要考虑数据的可获取性，后者主要考虑研究对象的时空尺度。AVHRR、MODIS、Suomi NPP – VIIRS 这类中低分辨率的数据，一般适用于研究较为大型的湖泊水域，尤其是对这些大型水域的长时间观测研究；而如果需要更高的观测精度，则需要考虑使用 Landsat、SPOT 这类空间分辨率相对较高的影像，有时如果想得到更高的观测精度，还需要使用 IKONOS、QuickBird 等具有更高空间分辨率的遥感影像。同时需要注意的是，空间分辨率越高，意味着对于同一个研究对象，需要更大的数据量和更多的处理时间。

此外，亚像元分解技术近年的快速发展为同时具有较高空间分辨率和时间分辨率提供了可能，因此成为研究热点。本书也研究了一种亚像元分解算法，其国内外研究进展在第 3 章中详细阐述。

（2）微波遥感。相对于光学遥感，微波遥感的工作波段波长更长（1mm以上），这个波长的电磁波具有较强的穿透性，能够穿透云层、植被等，从而使得这类遥感方式可以不受天气条件、云层覆盖等的限制，甚至可以探测植被覆盖下的水体，因此微波遥感在包括湖泊水域探测在内的地表水探测研究中发挥着越来越重要的作用。

微波遥感一般分为主动微波遥感和被动微波遥感，其中，尤以合成孔径雷达（Synthetic Aperture Radar，SAR）为代表的主动微波遥感，由于性能、分辨率等各方面的优势，在近些年来得到了长足的发展，并仍处于蓬勃发展的态势之中。

例如，Rebelo（2010）使用搭载于 ALOS 卫星上的 L 波段 SAR 数据分析了非洲 Urema 湖及其周围湿地自 2006 年 12 月至 2008 年 2 月的水域动态变化，并借此分析了该区域的生态水文特征。Strozzi 等（2012）结合使用 TerraSAR – X 和 Radarsat – 2 的数据绘制了阿尔卑斯、帕米尔和喜马拉雅 3 个地区的冰川湖泊的水域范围。Ding 和 Li（2011）收集了 2002—2009 年共 8 年间的 ENVISAT ASAR 数据，得到了此期间洞庭湖的水域面积变化情况，并结合水文站的水位观测数据绘制了洞庭湖的水位-面积曲线。SAR 影像的另一个特点是它可以区分液态水和冰，因此也有研究使用 SAR 数据来探测未冻结湖面的范围（Grunblatt 和 Atwood，2014）。

1.5.1.2　水体提取基本原理及方法

（1）光学遥感。

1）基本原理。在光学遥感图像上，水体几乎全部吸收了近红外和中红外波段范围的全部入射能量，所以水体在近红外和中红外波段的反射能量很少，而植物、土壤在这两个波段的吸收能量很少，具有较高的反射特性，这就使得水体在这两个波段范围内与植物、土壤有明显区别（图 1.2）（邬伦等，2005）。水体在这两个波段范围内呈现暗色调，而土壤、植被则呈现出较亮的色调，这是目视解译水体范围的基本原理。计算机自动解译时，则依据的是水体像元在这两个波段范围的反射率远小于其他地物的像元。

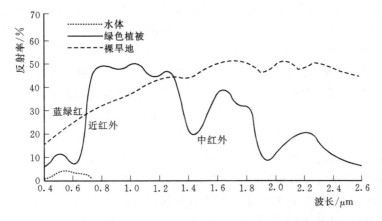

图 1.2　几种常见地物（水体、植被、裸旱地）的电磁波反射曲线

2）反演方法。尽管在时空分辨率、影像可用性和影像质量等方面取得了长足的进步，但光学传感器探测地表水体的基本方法自 20 世纪 70 年代以来并没有太多变化（Smith，1997），主要分为单波段法、多波段法和水体指数法 3 种。

单波段法是利用水体表现特征最为明显的单个波段（如近红外波段）的数值作为判识参数，由阈值法或密度分割法划分水体和非水体区域。它常被用于一些空间分辨率相对较高的影像，如 Landsat 影像（Frazier 和 Page，2000）等。该方法简单易行，但存在较多的混淆信息，尤其是 MODIS 的像元覆盖范围较大，像元内地物组合复杂，使用该方法的识别精度会比较低，因此对 MODIS 影像的单个波段使用密度分割方法判别水体的应用并不多见。

多波段法则综合了多个波段的水体光谱特征，或者利用遥感影像不同波段的谱间关系特征来提取水体信息，代表方法有遥感分类法和决策树法。遥感分类法就是把多波段的遥感数据分成几大地物类别，其中就包括水体（马丹，2008）。决策树法是根据水体在不同波段相对于其他地物的光谱特性建立一些判别准则，从而判断像元是否代表水体（Sun 等，2011）。周成虎等（1999）提出了基于水体光谱知识的 AVHRR 影像水体自动提取识别的水体描述模型。这类方法对水体的识别精度比单波段法有所提高，但波段的选取和判别准则的建立具有一定的难度和主观性。

水体指数法是对多波段法的改进，它是基于多个波段水体的光谱特征分析，选取与水体识别密切相关的几个波段，分析水体和遥感光谱之间的映射关系，构建水体指数的数学模型，然后通过相应的阈值来实现水体信息的提取。如归一化植被指数（Normalized Difference Vegetation Index，NDVI），其本来是用来反映农作物长势和营养信息的指数（Townshend 和 Justice，1986），但有时也被用来探测水体（Domenikiotis 等，2003）。NDVI 被定义为可见光中的红光（RED）波段和近红外（Near - infrared，NIR）波段的标准差 [NDVI＝（NIR－RED）／（NIR＋RED）]。一般来讲，水体的 NDVI 值非常小，甚至常常表现为负数。用 NDVI 来区分水体，如何获取阈值是其中的关键。不同地表水体所处的自然条件不尽相同，选取合适阈值的困难主要来自于两个方面：①水体的反射率会由于水中的沉积物含量的增加而显著升高；②裸露土壤的反射率则会因为其在潮湿季节水分增加而显著降低。这两方面的共同作用会导致水体和非水体在 NDVI 数值上的差异显著缩小。因此，使用 NDVI 的阈值分割来划分水体和非水体的方法并不是到处都适用，不同地区的阈值也显著不同。而且，很多其他的因素，如大气条件、云层覆盖和卫星的视场角等，都会影响 NDVI，在计算和使用 NDVI 之前，需要一些其他的工作来尽量降低这些因素的影响。因此，又有大量的其他指数被提出。

例如，Gao（1996）和 McFeeters（1996）几乎同时提出了归一化水体指数（Normalized Difference Water Index，NDWI）的概念。不过 Gao 设计 ND-WI 的初衷是为了探测植物的水分，其被定义为近红外波段和短波红外（Shortwave - infrared，SWIR）波段的标准差 [NDWI＝（NIR - SWIR）／（NIR＋SWIR）]，Xiao 等（2002、2004）发现该指数对于地表水的变化足够敏感，把它应用于对地表水的探测，并称之为地表水指数（Land Surface Water Index，LSWI）。McFeeters 所提出的 NDWI 是为了区分开放水体，并突出强化它们在遥感影像上的表现力，该指数被定义为可见光中的绿光（GREEN）波段和近红外波段的标准差 [NDWI＝（GREEN - NIR）／（GREEN＋NIR）]。在一幅 NDWI 图像上，水体一般表现为正值，而土壤和植被一般呈现 0 值或负值。NDWI 已在不少研究中被应用于区分水体（Chowdary 等，2008；Hui 等，2008）。然而，NDWI 还是不能够完全区分水体和一些近红外反射比绿波段反射还低的地物，如建筑物（Xu，2006）。

为了弥补 NDWI 的缺陷，Xu（2006）提出了修正的归一化水体指数（modified Normalized Difference Water Index，mNDWI），用短波近红外波段替代了 NDWI 中的近红外波段。mNDWI 被定义为可见光中的绿光波段和短波近红外波段的标准差［mNDWI ＝（GREEN － SWIR）/（GREEN ＋ SWIR）］。mNDWI 相对于 NDWI 和使用其他可见光波段的方法能够更好地揭示水体的微细特征，如悬浮沉积物的分布、水质的变化。它还能够很容易地区分阴影和水体，解决了水体提取中难以消除阴影的难题。Ordoyne 和 Friedl（2008）用 mNDWI 进行了水体的探测。Hui（2008）和 Michishita 等（2012）对我国鄱阳湖也尝试用 mNDWI 来区分水体。Chen 等（2014）使用 mNDWI 从 MODIS 影像上提取了洪水淹没范围。跟 NDWI 一样，mNDWI 的阈值也一般设为 0，以区分水体和非水体。然而，为了达到更好的分类精度，常常也需要对阈值进行适当的调整以达到更好的水体分类精度。

也有一些研究尝试用不同指数的组合来区分水体。如 Sakamoto 等（2007）通过 LSWI 和植被指数［NDVI 和 EVI（Enhanced Vegetation Index，增强植被指数）］的差异识别淹没的像元。Lu 等（2011）则利用 NDVI 和 NDWI 的差值来突出水体与其周边陆地的差异，然后将其与坡度和近红外波段结合以绘制水体边界。

事实上，不管是何种指数方法，经过适当的阈值调整，都能够得到较好的水体分类精度。不过，这样做的缺点就是需要人工的介入，无法实现批量的自动化分类，这对于利用一系列遥感影像进行持续的地表水动态监测或者时间序列的淹没建模非常不利。

Guerschman 等（2009、2011）提出了一个开放水体似然性（Open Water Likelihood，OWL）指数，相较于现有的一些指数如 NDWI 和 mNDWI 等，该指数为时间序列遥感影像上的水体提供了更为稳定的表达（Guerschman 等，2011），这样就可以使用单一阈值探测水体，使得从一系列遥感影像上自动提取地表水范围成为可能（Huang 等，2014）。

Feyisa 等（2014）为此也提出了一个水体指数，称为自动化水体提取指数（Automatic Water Extraction Index，AWEI），目的是为了使用单一的分割阈值从 Landsat 系列影像中自动提取地表水。该指数自发表以来广受关注，在多个研究中被用来提取水体范围（Tulbure 等，2016；Xie 等，2016）。Jiang 等（2014）也提出了一个可以用于自动提取水体的指数。

Fisher 等（2016）对基于 7 个常用的水体指数从 Landsat 影像上自动提取水体范围的表现进行了全面的对比，以澳大利亚东部作为研究区，对比分析了这些指数在 Landsat TM、ETM＋、OLI 等影像上提取水体的能力，发现这些指数的提取精度受研究区的地物组成影响较大，没有一个指数能够在所有情况下都表现最好，所有指数在某些情况下都能够展现出较高的提取精度。

此外，还有一些研究结合多种指数对水体进行提取，如结合 LSWI 和 NDVI（Sakamoto 等，2007），以及结合 NDVI 和 NDWI（Lu 等，2011）等。

（2）微波遥感。

1）基本原理。以雷达遥感为代表，微波遥感具有全天候、全天时的数据获取能力和对一些地物（如云层、植被等）的穿透能力，这使其成为探测地表水最为有效的技术之一。

成像雷达通过地物表面的粗糙程度来从影像上识别不同的地物类型（王震宇 和孙振谦，2005）。水体具有独特的电介质属性，尤其是平静的水面，具有明显的镜面反射特性。因此，水体表面反射的雷达信号很少，在雷达影像上表现为后向散射很弱，呈暗色或黑色（杨存律等，1998）。相反，陆地表面较为粗糙，对雷达波束的后向散射较强，在雷达影像上显得更亮，多呈灰白色或黑灰色，通过亮度可以把水体和非水体区分开来。

但是，当水面有植被覆盖时，如湖泊的湿地，成像雷达能否成功地探测湿地中植被覆盖下的水体，还取决于传感器的波长范围以及湿地表面的粗糙度。如 Barber 等（1996）发现波长小、入射角大的雷达信号会增强水面的镜面反射，从而更容易探测地表水。他们也发现，入射角小的雷达信号产生的后向散射会使得水体和非水体更加难以区分。波浪和水面上突出的植物也可能会使得水面粗糙，从而产生较强的后向散射，影响水域范围的探测。

波长小的雷达（波长≤5.33cm）对植被很敏感，不适合探测植被覆盖下的水体（Horritt 等，2001）。不过，L－Band（波长 15～30cm）和 P－Band（波长 30～100cm）的雷达可以穿透植物冠层从而探测到植被覆盖下的水体。因此，波长大的雷达相对更适用于对复杂水体的探测。然而，可用的长波雷达又很有限，这就在一定程度上限制了雷达影像在地表水探测中的应用。还有另外一些因素也会影响其应用，包括大雨和斑点噪声。尽管斑点噪声可以使用滤波的方法进行消除，但雷达影像的质量依然会受到一定的影响。

2）反演方法。基于微波遥感探测地表水体的基本原理，从 SAR 图像提取水体信息总体来说相对简单，只需要执行基于灰度的单一阈值分割，即可实现提取后向散射相对陆地地物明显较小的水体范围，阈值分割的方式也是主动式微波遥感提取水体信息最为常用的一种技术，除了用于提取相对静态的湖泊、湿地等，还常用于提取洪水淹没区域（Sanyal 和 Lu，2004）。一般来说，分割阈值需要根据研究区域和影像的总体光谱特征来确定。阈值分割法对于某些噪声低、图幅较小的 SAR 图像的水体提取具有较好的效果（San-yal 和 Lu，2004），然而，由于雷达反射回波信号的特性，SAR 图像中通常都会存在大量乘性噪声，因此单纯采用基于灰度的分割方法会由于噪声而影响水体目标的检测效果（王海波和马明国，2009）。另外，对于较大范围的 SAR 图像，其灰度分布十分复杂，采用简单的阈值分割方法的错分概率很大（程明跃等，2009）。为克服这些困难，先后发展了很多更为复杂的新的提取方法，有时还需要结合其他的数据源来进行分析。

为了在保持尽量多的图像细节信息的同时达到最好的斑噪抑制，先后发展了多种噪声抑制的方法。一般有多视处理和滤波方法。多视处理方法以牺牲系统分辨率为代价，通过叠加多个视角的 SAR 图像来达到去除噪声的目的。滤波方法则一般通过平滑滤波来削减表现为异常值的噪声，传统的去噪滤波包括均值滤波和中值滤波，不过它们在去噪的同时也会使得图像变得模糊，损害了图像的信息量。因此，针对 SAR 图像的噪声特性先后发展了一系列自适应局域统计特性的滤波方法，如 Lee 滤波法、Frost 滤波法、Kuan 滤波法和 Gamma - MAP 滤波法等。此外，也有新的方法涌现。如朱俊杰等（2005）采用具有保持边缘特性的小波变换对图像进行噪声压制，有效地实现了水体信息提取的目的。窦建方等（2008）针对水体目标的亮度及形状分布特征，采用序列非线性滤波处理方法，实现了 SAR 影像水体目标的自动快速提取。

为了克服传统阈值分割法的局限性，先后发展了一系列基于 SAR 图像的纹理特征分析方法（朱俊杰等，2006）、变化检测方法（Wegmüller 等，1995）、区域增长法（Mason 等，2012）、决策树分类法（彭顺风等，2008）、机器学习分类法（程明跃等，2009）、数学形态学法（张怀利等，2009）等，并可综合应用多种方法，实现优势互补。

由于 SAR 图像为侧视成像，阴影问题不可避免，而且阴影与水体一样具有较低的回波，因此根据像素灰度值很难将地物阴影与水体区分开。杨存建等（2002）采用 DEM 来模拟雷达图像，从中获取山体的阴影，将水体和山体阴影分开，明显降低了因阴影造成的水体错分。更多的时候，DEM 主要是作为限定条件来去除一些不太可能有地表水覆盖的区域，而这些区域有时候单纯从遥感影像上很难直接区分出来，利用 DEM 或者 DEM 衍生出来的地形因子，可以辅助遥感影像对地表水体的判读（Twele 等，2016）。

（3）湖泊动态监测。湖泊的动态监测一般是在一定的时间尺度上，选取适当数量的不同时相的遥感影像，提取不同时相的湖泊边界进行叠合对比，反映湖泊水面面积的动态变化情况，进而揭示影响这种变化的原因。

利用遥感手段动态监测地表信息变化有多种方法，大体来说可以分为两个类别：一是先分类后比较的方法；二是先比较后分类的方法（李静等，2007）。在实际应用中，对湖泊水体的动态监测同样包括这两类方法。前者指将不同时相的遥感影像首先进行解译识别，对水体范围进行分类提取，然后叠加并对比分析不同时相水体范围的变化，得到水体动态监测结果；后者首先通过各种手段对多时相遥感影像进行变化分析，然后对变化分析结果进行识别，判断包含水体变化信息的像元，这个识别的过程一般都需要利用分类的方法。

先分类后比较的方法首先从各个不同时相的遥感影像中判读出水体的范围，然后通过叠加分析，比较识别湖泊水域变化的范围和变化的类型等信息。这种方法不仅能够检测出可能的变化，而且可以给出水域动态变化的定量信息和变化类型的转化信息，是应用最广泛的一种监测湖泊动态的方法（Nellis等，1998；柯长青，2001）。但是，该方法也存在一些缺点，如需要进行多次图像分类，变化分析的精度依赖于前期对各图像的分类精度，不同时相的图像上的分类误差将以乘积效应传递，因此常常会夸大变化的结果（李静等，2007）。

先比较后分类的方法正受到越来越多的重视。它一般首先对多时相图像数据进行变换处理以提取变化信息，变换的方法包括图像差值与比值（申邵洪等，2008）、主成分分析（Guirguis等，1996）、变化向量分析（Huang等，2016b）等，然后基于变换的结果，对变化信息进行分类判定，得到变化检测结果。

对湖泊水域的动态监测，要求有时间序列的遥感影像，基于影像得到一段时期内具有一定时间分辨率的湖泊水域动态变化结果。目前，动态监测主要采用有较长历史且完整的低空间分辨率影像，如 AVHRR 数据（Schneider等，1985）。随着搭载 MODIS 传感器的 Terra 和 Aqua 卫星在近十几年的稳定运行，MODIS 数据也积累了较为完整的时间序列影像，且时间分辨率可以高达 1d，因此使用 MODIS 时间序列数据进行湖泊动态监测的研究非常多（Feng等，2011、2012、2013；Huang等，2012）。Landsat 数据虽然时间分辨率较低，为 16d 左右，但由于 Landsat 系列卫星自 20 世纪 70 年代以来稳定运行了 40 余年，积累了大量的影像数据，目前已完全免费公开使用，且 Landsat 数据较 MODIS 数据在空间分辨率上有明显的优势，因此探测的精度可以大大提高，故使用 Landsat 时间序列数据监测湖泊变化动态的研究也屡见不鲜（Bai等，2011；Han等，2015；Hui等，2008）。

（4）小结。综上所述，利用遥感技术进行湖泊水域的监测是目前湖泊研究的重要内容之一，随着遥感技术的发展，越来越多的遥感数据被用于该领域，并取得了一系列成果。然而，目前绝大部分的遥感数据仍然面临着一些制约，其中，最突出的制约之一就是遥感数据的时间分辨率与空间分辨率之间的矛盾，使得使用单一遥感数据源很难直接实现兼具高时间分辨率与高空间分辨率的动态监测，解决这个问题的手段主要包括两类：一是对高时间分辨率低空间分辨率的遥感数据进行混合像元分解与重构，基于一定的理论假设和优化算法，在保留高时间分辨率的同时提高水体探测结果的空间分辨率；二是对高时间分辨率低空间分辨率的数据和高空间分辨率低时间分辨率的数据进行融合，发挥两者的优势，模拟出同时具有高时间分辨率和高空间分辨率的合成影像。

混合像元的分解与重构的概念形成较早，在湖泊水域的监测中使用混合像元的分解与重构主要是为了处理湖岸线周围所存在的混合像元，尤其是当遥感影像分辨率较低时，混合像元的问题愈加突出，例如，当湖泊的水陆分界线处于一个 500m×500m 的 MODIS 像元内时，如果按照传统的分类方法，不论把该像元分类为水体还是陆地，相较于真实的水陆界线，都存在较大的偏差。因此，可以首先对该像元进行分解，基于一定的光谱混合理论模型，估算该像元内水体所占的百分比（丰度），然后再基于该百分比重构该像元内水体亚像元和非水体亚像元的空间组成，得到亚像元级别的水体分布，或者说更精细的水陆界线。这种方法不需要额外的辅助数据支撑，实现起来简单方便，因此被广泛应用于湖泊边界的精细化探测研究中（Shah，2011；刘晨洲等，2010；张晗等，2011；张洪恩等，2006；胡争光等，2007）。

影像时空融合是基于影像融合的概念，是近些年针对影像时空分辨率矛盾，为发挥不同数据源在时间分辨率或空间分辨率方面的优势而发展出来的一种融合方法。最早由 Gao 等（2006）提出，称为时空自适应反射率融合模型（Spatial and Temporal Adaptive Reflectance Fusion Model，STARFM），目的是结合 Landsat 高空间分辨率和 MODIS 高时间分辨率的优势，合成具有 1d 的 30m 高时空分辨率的合成影像，相较于真实 Landsat 数据 16d 的时间分辨率，数据的间隔大大缩短，可以实现更高强度的监测，同时监测的空间分辨率又能够接近 Landsat。该模型随后被 Zhu 等（2010）改进为 Enhanced STARFM（ESTARFM）以适应异质性区域地表覆盖变化较大情况下的融合。虽然目前尚未见真实案例，但是可以预见，使用时空融合方法同样可以实现对湖泊水域高时间分辨率和高空间分辨率的监测。本书完善了一种时空融合算法，其国内外的研究进展在第 3 章中详细阐述。

此外，光学遥感利用地物对太阳辐射的光谱反射差异来对水体和其他地物进行识别,而 SAR 图像依据水体和其他地物的后向散射差异成像。SAR 图像特有的阴影和斑噪是提取水体的主要障碍,而光学影像受天气、云层覆盖、植被干扰等因素的影响是其用于水体监测的主要劣势。因此,使用遥感数据融合的手段,结合 SAR 图像和光学影像各自的优势,将可以更好地对地表水的动态变化进行监测(唐伶俐 和戴昌达,1998;杨存建和周成虎,2001;郑伟等,2007)。

1.5.2 水质

随着社会经济的快速发展、城市化及工业化进程加快,湖泊流域一些不合理的开发活动,导致湖泊出现富营养化、水质恶化、淤积或萎缩、生态破坏、重要或敏感水生生物消失等问题,使湖泊流域的生态环境和社会经济可持续发展受到制约(Ahn 等,2007)。如何保护和改善湖泊环境日趋成为当前世界关注的一个焦点。水质是湖泊环境的重要组成,湖泊水质包含多个评价指标,其中部分指标可以进行遥感反演,目前遥感反演的水质指标主要包括叶绿素 a(Chl - a)、悬浮固体颗粒物(SS)、总氮(TN)以及水体透明度(SD)等(徐祎凡等,2011),本书也主要针对这些指标进行遥感反演算法研究。

1.5.2.1 叶绿素 a

叶绿素 a(Chl - a)浓度是反映水体富营养化程度的一个重要参数。国外 Chl - a 浓度的反演主要采用统计分析方法和物理模型方法。Kondratyev 等(1998)利用物理模型方法对 Ladogah 湖的 Chl - a 浓度进行了反演。Thiemann(2000)基于 IRS - IC 卫星数据和实测光谱数据对德国 Mecklenburg 湖的 Chl - a 浓度进行了反演,表明线性光谱分解法的效果最好。Donald(2001)通过实测光谱数据与实验分析数据,采用反向模型对 Chl - a 浓度进行了反演。Koponen 等(2002)基于 ASIA 高光谱遥感数据进行 MERIS 波段模拟,建立了 Chl - a 浓度反演模型。Tebbs 等(2013)基于 Landsat ETM + 数据对 Bogoria 湖的 Chl - a 浓度进行了反演。Harvey 等(2015)基于 MERIS 数据,以 Himmerfjärden 湾为研究区,基于实测数据进行算法改进后,有效地采用统计方法对 Chl - a 浓度进行了反演。Heng Lyu 等(2015)采用自动聚类方法对"五湖"(洞庭湖、太湖、巢湖、滇池和三峡水库)进行水体分类,针对不同水体类型的特点分别采用波段算法进行了 Chl - a 浓度反演。Majid Nazeer 等(2016)基于 Landsat TM 影像对我国香港近海岸的 Chl - a 浓度进行了反演。

国内学者也做了诸多相关研究,如尹球等(2005)通过常规水质采样分析与同步水面高光谱测量，建立了由 FY-IC 多通道扫描辐射计、TM 和 Sea-WiFS 等卫星多通道遥感器反演 Chl-a 浓度和 SS 浓度的优化通道组合模型。杨一鹏等（2006）基于 TM 影像，采用半经验回归模型和混合光谱分解模型分别建立了太湖 Chl-a 浓度定量反演模型，表明在端元光谱选取较为精确的情况下，混合光谱分解模型的精度更好。乐成峰等（2007）将 4—10 月分为春、夏、秋 3 个季节，分别建立了 Chl-a 浓度反演模型，发现夏季选用微分算法较好，春秋季选用波段比值算法反演精度较高。马荣华等（2010）基于 TM、MODIS 影像，结合 Chl-a 光谱特征，建立了 Chl-a 浓度反演模型，取得了很好的结果。王震等（2014）指出 Chl-a 含量的变化幅度较大，且具有明显的季节变化特征。王珊珊等（2015）基于 MODIS、GOCI、MERIS 以及 HJ-1 卫星数据，比较了基于差值模型、比值模型、三波段模型及 APPEL（APProach by ELimination）模型分别建立的太湖 Chl-a 浓度反演模型，指出 APPEL 模型适用于不同传感器数据的太湖水体 Chl-a 浓度反演，这些研究成果为本书的 Chl-a 浓度反演提供了借鉴。

国内对太湖水质监测的研究最为全面和深入。在具有大量地面观测数据的基础上，采用具有更多物理机制的模型（生物光学模型等）和神经网络模型进行反演，已取得很好的效果。例如，吕恒等（2006）基于 TM 影像，对比分析线性模型与神经网络模型对太湖 Chl-a 浓度反演的精度表明，对于太湖这样一个光谱特征复杂的水体，采用神经网络模型反演 Chl-a 浓度效果更好。孔维娟等（2009）基于 MODIS 影像反演得到的水温数据建立了估算太湖水体 Chl-a 浓度的两个单隐层神经网络模型，结果表明，两种模型的精度很好，包含温度因子的反演模型精度稍有提高，但不显著。杨伟等（2009）基于 TM 影像，采用生物光学模型建立了 Chl-a 浓度反演模型，表明生物光学模型的反演精度明显优于传统的回归分析算法。张兵等（2009）基于生物光学模型对 Chl-a 浓度进行了定量反演，有效提高了监测精度。朱子先等（2012）通过分析 Chl-a 浓度和光谱数据的关系，采用反射比、人工神经网络和遗传神经网络模型对克钦湖的 Chl-a 浓度进行了反演，表明遗传神经网络模型对 Chl-a 浓度反演的结果最佳。黄昌春等（2013）采用生物光学模型对太湖、巢湖、滇池和三峡水库建立了 SS 浓度和 Chl-a 浓度反演模型，表明生物光学模型总体可以实现 Chl-a 浓度反演，且结果较好。崔嘉宇等（2014）采用神经网络模型建立了太湖 Chl-a 水质参数反演模型，表明神经网络模型可以较好地实现水质参数反演。

以上研究表明，不同湖泊，甚至在同一湖泊的不同位置，Chl-a 浓度的最佳反演波段也可能不相同，而且 Chl-a 浓度也具有很强的季节性特点，这为本书确定反演策略提供了支撑。针对 Chl - a 浓度的反演研究以遥感影像为数据源（TM 数据、MODIS 数据以及高光谱遥感数据等），在缺乏地面光谱和气溶胶等相关观测数据的湖泊中，主要采用统计分析方法对其进行水质参数反演。在具有大量地面观测数据的湖泊（如太湖）中，采用具有更多物理机制的模型以及神经网络模型、生物光学模型对其进行水质参数反演，可取得很好的效果。

1.5.2.2 总氮

总氮（TN）是湖泊水体生物生长和富营养化的重要指标，监测 TN 是水质监测的一项重要工作（杨丽华等，1996；潘邦龙等，2011）。目前，基于遥感影像对 TN 的研究相对较少，主要通过数学统计方法分析 TN 和光谱反射率的相关性，进而估测 TN。

例如，Suttle 和 Bulgakov 等（1988、1999）的研究表明，N、P 能较好地表达其对浮游植物生长的影响。王学军等（2000）基于 TM 影像和实测数据，采用统计分析方法建立了太湖 TN 的预测模型，表明利用单波段、多波段组合及主成分分析等方法进行遥感反演精度较好，可以实现太湖水质预测。雷坤等（2004）利用 CBERS - 1 数据（中巴资源卫星数据）对 TN 进行回归分析并建立了最优拟合曲线，表明组合波段决定系数 R^2 为 0.9237。段洪涛等（2005）通过反射光谱直接反演 TN，表明在 400～430nm 范围内 TN 与光谱反射率的相关系数达到 0.8 以上，在 705～890nm 范围内 TN 与光谱反射率的相关系数在 0.7 以上。李建平等（2007）的研究表明，N 能较好地表达其对浮游植物生长及其种群结构变迁的影响。潘邦龙等（2011）基于 HJ - 1A 卫星 HSI 超光谱遥感数据，通过分析 TN 与 Chl - a、SS 的相关性，采用回归分析法与回归克里格方法建立了 TN 的定量反演模型，实现了对巢湖水体 TN 的反演。徐良将等（2013）基于高光谱数据，采用微分法和波段比值法对室内水样分析结果中的 TN 进行了反演，表明采用微分法可以得出 TN 最佳反演模型。

1.5.2.3 透明度

透明度（SD）是直观反映湖水清澈和浑浊程度的一个指标，其与水质存在很好的相关性（Li 等，2004），是水质的重要量度之一（杨一鹏，2006）。目前，SD 的反演数据源主要采用 TM 和 MODIS 等遥感数据。

国际上较为流行的方法是以 TM 影像为数据源，采用统计分析方法对 SD 进行反演。如 Paul Lavery 等（1993）基于 TM1/TM3 与 TM3 波段的线性结合来估算河口湾的 SD。Giardino 等（2001）对意大利 Lake Iseo 采用蓝、绿波段的比值进行塞氏盘深度（SDD）预测。Steven 等（2002）和 Kloiber 等

（2002）基于 TM 影像对美国 500 多个湖泊进行 SD 预测，结果表明，TM3/TM1 与 SD 的相关性最高。Nelson 等（2003）对美国 Michigan 境内的 93 个湖泊进行的 SD 监测表明，SD 与 TM1/TM2 之间的相关性最好。

国内 SD 反演研究主要集中于 TM 和 MODIS 等遥感影像，采用统计分析方法对其进行反演。如赵碧云等（2003）基于 TM 影像，采用统计分析方法，建立了滇池 SD 水质模型。王得玉等（2005）基于 TM 影像在钱塘江入海口进行 SD 的时空变化分析。邹国锋等（2007）结合 6 个时期的 TM 影像与对应的 13 个实测 SDD 数据建立了 SDD 的自然对数变换值与蓝、红波段的自然对数变换值的线性组合之间的回归模型。王爱华等（2009）基于 CBERS 的 CCD 数据和同步监测的农区水体 SD 实测数据，采用灰色关联度对 SD 进行分析，表明 SD 与第一、第三波段相关性最好，所建的农区 SD 模型精度很好。纪伟涛等（2010）基于 MODIS 数据，采用线性关系模型进行了太湖 SD 反演，指出太湖 SD 呈明显的季节性变化。李一平等（2013）采用生物光学模型建立了太湖浅水区水体透明度模型，并将该模型与现有的多元回归模型进行对比，分析了对透明度模拟的精度状况。

以上研究表明，不同湖泊，甚至在同一湖泊的不同位置，反演水质参数的最佳波段不尽相同，此外，水质参数还具有很强的季节性。目前，国内外在观测资料丰富的地区进行了大量的研究，基于物理过程的模型也得到了发展，并取得了较好的效果。然而，对于观测资料较少，特别是缺乏同期的大气及对湖泊不同深度的观测数据时，当前的反演方法基本上以统计模型为主，且统计模型的形式差别很大。因此，在对不同湖泊水质参数进行反演时，需要结合实测数据与湖泊光谱信息等因素，选择最佳的反演模型。

2

云南省九大高原湖泊水资源开发利用现状

2.1 自然概况

云南省地处祖国西南边陲，北与西藏、四川省（自治区）相邻，东与贵州、广西省（自治区）接壤，南与越南、老挝、缅甸毗邻，西与缅甸相连，有 4060km 的国境线，其中 1043km 以河为界。地理位置在东经 97°32′39″～106°11′47″，北纬 21°8′32″～29°15′8″ 之间，南北纵贯 990km，纬差 8°6′16″，东西横跨 847km，经差 8°39′8″，全省国土面积 39.4 万 km²。北回归线横穿云南南部，全省大部分处在亚热带和温带地区。东南距离北部湾约 440km，西南距孟加拉湾 600km 左右。

云南省湖泊众多，是全国断陷湖盆集中分布的地区，这些湖泊大多为晚新生代断裂陷落形成，形态大小不一，主要分布在滇西北和滇东一、二级支流源头的分水岭地带。全省湖泊水面面积大于 1km² 的有 30 余个，水面面积总和约 1100km²，集水面积总和约 10000km²，湖泊总储水量约 300 亿 m³。全省湖泊水面面积 30km² 以上的有 9 个，按水面面积从大到小排列为：滇池、洱海、程海、抚仙湖、泸沽湖、杞麓湖、星云湖、异龙湖、阳宗海，称为九湖，九湖是本书的研究对象。

2.1.1 湖泊概况

九湖分布在云南省滇中、滇南、滇西和滇西北，分属昆明市、大理白族自治州、玉溪市、丽江市和红河哈尼族彝族自治州。其中，滇池、程海和泸沽湖属长江水系，抚仙湖、星云湖、杞麓湖、异龙湖和阳宗海属珠江水系，洱海属澜沧江水系。九湖基本情况见表 2.1。

表 2.1　　　　　　　　　　九 湖 基 本 情 况

湖　名	所属水系	集水面积 /km²	湖水面积 /km²	蓄水量 /亿 m³	最大水深 /m	平均水深 /m
滇　池	金沙江	2920.0	309.5	15.60	11.2	5.3
洱　海	澜沧江	2565.0	249.4	28.80	20.9	10.5

湖　名	所属水系	集水面积 /km²	湖水面积 /km²	蓄水量 /亿 m³	最大水深 /m	平均水深 /m
抚仙湖	南盘江	1053.0	212.0	191.40	157.8	90.1
程　海	金沙江	319.0	76.9	19.50	35.0	25.7
泸沽湖	金沙江	247.8	51.3	20.72	93.5	40.0
杞麓湖	南盘江	359.0	37.3	1.68	6.8	4.0
星云湖	南盘江	378.0	34.7	1.84	10.0	5.9
异龙湖	南盘江	326.0	34.0	1.13	6.2	2.4
阳宗海	南盘江	192.0	31.9	6.04	30.0	20.0
合计		8359.8	1037.0	286.71		

2.1.1.1　滇池

滇池是云贵高原水面面积最大的淡水湖泊，位于昆明市，地理位置在东经 102°37′～102°48′、北纬 24°40′～25°02′ 之间。属断层陷落的构造湖，距今约有 300 多万年的历史。近千年来，人类不断扩大滇池出水口、围湖等，滇池水域已大为退缩，水面面积减小、水深变浅。据考证，在宋朝时水面面积有 510km²，湖泊蓄水量达 18 亿 m³；元朝起开始疏挖海口河，河床降低，湖泊水位迅速下降，到清朝时，水面面积降为 320km²，湖泊蓄水量减为 16 亿 m³；据 20 世纪 80 年代初实测，水面面积约 309km²，湖泊蓄水量为 15.6 亿 m³。

滇池湖面略呈弓形，弓背向东，湖面南北长 40km，东西平均宽 7.5km，最宽处 12.5km，最窄处为内外湖分界处，宽不足百米，湖岸线长 163.2km。横亘东西的海埂湖堤将滇池湖面分割为南北两水域，北面为草海，水域面积约 11km²，占滇池总面积的 3.6%，湖容 2000 万 m³；南面为滇池外海，水域面积 298km²，占滇池总面积的 96.4%。当水位为正常高水位 1887.50m 时，滇池平均水深 5.3m，"海眼"最大水深 11.2m。按照 2012 年修订的《云南省滇池保护条例》，滇池外海控制运行水位为：正常高水位 1887.50m（1985 国家高程基准，下同），最低工作水位 1885.50m，特枯水年对策水位 1885.20m，汛期限制水位 1887.20m，20 年一遇最高洪水位 1887.50m。滇池草海控制运行水位为：正常高水位 1886.80m，最低工作水位 1885.50m。

2.1.1.2　洱海

洱海属澜沧江流域黑惠江支流天然水域，是云南省第二大高原淡水湖泊，也是国家重点保护的水域之一。湖泊形似耳状，略呈狭长形，南北长 42.5km，东西宽 5.9km，地理位置在东经 99°32′～100°27′、北纬 25°25′～

26°10′之间，呈北北西-南南东向展布。西洱河出口断面以上控制面积 2565km²，湖面正常水位 1974.00m 对应的湖面面积为 249.4km²，其中岛屿面积为 0.748km²，相应的湖容为 28.8 亿 m³，平均水深 10.5m，最大水深 20.9m，湖岸线长 127.85km。按照 2014 年修订的《云南省大理白族自治州洱海管理条例》，洱海最低运行水位为 1964.30m，最高运行水位为 1966.00m。

2.1.1.3 抚仙湖

抚仙湖位于云南省玉溪市境内，居滇中盆地中心，流域地跨澄江、江川和华宁 3 县（区），有隔河与星云湖相通，是我国最大的深水型淡水湖泊。地理位置在东经 102°49′～102°58′、北纬 24°21′～24°23′之间；西北距昆明市区 60km，距滇池 17km，湖面海拔高差 166m；东北距阳宗海 27km，湖面海拔高差 50m；西南距杞麓湖 18km，湖面海拔高差 71.5m；南距星云湖 2.1km，湖面海拔高差 1m 左右。抚仙湖为云南高原抬升过程中形成的断陷型深水湖泊，湖面似葫芦形，呈南北向，两端宽、中间窄。湖长 31.5km，东西最宽处 11.5km，最窄处 3.2km，平均宽 6.78km，湖岸线长 88.2km，流域面积 1053km²，正常蓄水位 722.00m 时，湖面面积 212km²，湖容 191.4 亿 m³。按照 2016 年修订的《云南省抚仙湖管理条例》，抚仙湖最高蓄水位为 1723.35m，最低运行水位为 1721.65m。

2.1.1.4 程海

程海又名黑伍海，为断层陷落式深水湖泊，位于云南省丽江市永胜县西南方向的程海镇境内，距县城约 45km，地理位置在东经 100°38′～100°41′、北纬 26°17′～26°28′之间。程海流域面积 319km²，水面面积 76.9km²，平均水深 25.7m，最大水深 35.1m，湖泊蓄水量 19.5 亿 m³，属金沙江水系。整个湖体呈椭圆形，南北长 19km，东西平均宽 4.3km。按照 2006 年修订的《云南省程海管理条例》，程海最高运行水位为 1501.00m，最低控制水位为 1499.20m。

2.1.1.5 泸沽湖

泸沽湖位于云南省西北部宁蒗县和四川省西南部盐源县的交界处，地理位置在东经 100°44′～100°51′、北纬 27°39′～27°45′之间，距宁蒗县城 73km。泸沽湖流域集水面积 247.8km²，其中云南省境内 107 km²。湖泊略呈北西-东南向，南北长 9.5km，东西宽 5.2km，湖岸线长 44.0km。根据 2009 年修订的《云南省宁蒗彝族自治县泸沽湖风景区保护管理条例》，泸沽湖的最高蓄水位为 2690.80m，最低蓄水位为 2689.80m。

2.1.1.6 杞麓湖

杞麓湖位于云南省玉溪市通海县境内，属珠江流域，地理位置在东经

102°43′～102°49′、北纬 24°08′～24°12′之间。湖泊东西长 10.4km，南北平均宽 3.5km，岸线长 32km，湖东部深、西部浅，最大水深 6.8m，平均水深 4.0m。流域面积 359km²，正常蓄水位 1797.25m 时的湖面面积为 37.3km²，湖容 1.676 亿 m³。按照 2007 年修订的《云南省杞麓湖管理条例》，杞麓湖最高蓄水位为 1797.65m，最低蓄水位为 1794.95m。

2.1.1.7 星云湖

星云湖位于云南省中部玉溪市江川县城北 2km，属南盘江水系。地理位置在东经 102°45′～102°46′、北纬 24°17′～24°23′之间，江川县城北距昆明 102km，西距玉溪 36km。湖泊为南北向不规则椭圆形，两端窄、中间宽；湖泊南北长 10.5km，最大宽度 5.1km，平均宽 3.8km，湖岸线长 36.3km。流域面积 378km²。按照 2007 年修订的《云南省星云湖管理条例》，星云湖最高运行水位为 1722.50m，最低蓄水位为 1720.80m。

2.1.1.8 异龙湖

异龙湖位于云南省石屏县城东南，为红河州境内最大的天然淡水湖泊，地理位置在东经 102°28′～102°38′、北纬 23°28′～23°42′之间，紧靠珠江支系南盘江与红河两大流域分水岭，系南盘江一级支流泸江的源头，属珠江水系。流域集水面积 326.0km²，异龙湖形如葫芦，呈东西向，湖岸线长 62.9km，湖长 13.8km，湖最宽处 6.0km，最窄处 1.4km，平均宽度 3.6km，最大水深 3.7m，平均水深 2.9m。正常蓄水位 1414.20m 时的湖面面积为 34.0km²。按照 2007 年修订的《云南省红河哈尼族彝族自治州异龙湖保护管理条例》，异龙湖正常蓄水位为 1414.20m，最低运行水位为 1412.08m。

2.1.1.9 阳宗海

阳宗海地处滇中高原，位于宜良、呈贡、澄江 3 县（区）交界处，距昆明市约 38km，地理位置在东经 102°59′～103°02′、北纬 24°51′～24°58′之间，为小江断裂控制形成的天然断陷淡水湖泊，属珠江水系。阳宗海四面环山，地势总体呈南高北低，山系总体呈南北走向。阳宗海整个湖面呈纺锤状，两端略宽，中间稍窄，南北平均长约 12.7km，东西平均宽 2.5km，湖岸线长 32.3km，最大水深 30m，平均水深 20m。流域面积 192km²，湖面面积约 31.9km²，湖泊蓄水量 6.04 亿 m³。按照 2012 年修订的《云南省阳宗海保护条例》，阳宗海最高运行水位为 1769.90m，最低运行水位为 1766.15m。

2.1.2 地形地貌

云南省位于青藏高原东南侧，地势高耸，山高谷深，地形地貌极为复杂。大部分地区海拔为 2000m 左右，总的趋势是西北高、东南低，呈不均匀阶梯状逐级降低。全省地貌类型众多，并有明显的地域性。按形态分类，有高原、山地、盆地等，以山地为主，山地面积占云南省国土总面积的94％，山间盆地（俗称坝子）面积占 6％。云岭、点苍山、哀牢山呈西北-东南向横卧云南省中部，将云南省分成东西两种截然不同的地貌景观。西部为横断山地峡谷区，东部为滇东高原盆地区。九湖主要分布在滇西北和滇东区域。

2.1.2.1 滇池

滇池位于昆明市南部，湖西部紧靠西山脚下，其他三面为河流冲积和湖积平原，北接昆明城区。湖周半环形分布有平坝、丘陵和山地。

滇池流域面积为 2920km^2，北起嵩明县梁王山山脉，为普渡河流域与牛栏江流域分水岭；南至晋宁区六街乡照壁山，为长江流域与河流域分水岭；东起呈贡区梁王山，为长江流域与珠江流域分水岭；西至大青山和西山。该流域涉及昆明市 6 区（五华区、盘龙区、官渡区、西山区、呈贡区、晋宁区）1 县（嵩明县）。区域地貌属昆明岩溶高原湖盆亚区，地处金沙江、珠江与红河水系分水岭地带。地貌层次较为分明，大体可分为 3 个层次：第一层为盆地边缘的准平原化地貌；第二层为盆地斜坡地貌；第三层为盆地堆积地貌。地势总体上由东北向西南倾斜，东北部岩溶发育，四面山岭环绕，属云岭山脉的东支。

滇池流域内山地面积占总面积的 49.4％，台地面积占 25.5％，河谷坝区面积占 13.6％，滇池水面面积占 10.2％，昆明城区面积占 1.3％。流域内耕地面积有 40796hm^2，其中水田面积 21860hm^2，旱地面积 18936hm^2。水田多分布于湖滨平原，旱地多分布于台地、河谷及浅切中山缓坡上，林地则大部分分布在流域北部的山地和环流域分水岭一带。

2.1.2.2 洱海

洱海位于云南省大理白族自治州大理市与洱源县。流域位于横断山脉云岭之南，具有高原断陷湖滨盆地及河谷、低山山地、中山峡谷、高山峡谷、岩溶洼地等各类地貌特点，山脉南北走向，并有河流相间。地势西北高、东南低，自西北向东南倾斜。流域内最高点为点苍山马龙峰，海拔 4122m，最低点为洱海湖底。流域内河流湖泊交错，地层多由湖积、冲积、洪积形成，土壤深厚，地势较平坦，山麓遍布洪积扇。

湖区地层为断层陷落构造盆地，第四纪新构造运动迹象明显，因点苍山强烈上升，河谷剧烈下切，形成四周高、中间低的侵蚀地貌特点。洱海西岸点苍山地层为中元古界绿片岩、眼球状混合岩及大理岩；洱海东岸地层主要为泥盆系、石炭系、二叠系、奥陶系，主要岩石为石灰岩、玄武岩、沙页岩等；洱海南岸丘陵地层为白垩纪，岩石主要为紫砂岩。

2.1.2.3 抚仙湖

抚仙湖是一个以断层溶蚀为主的湖泊，形成于约距今 340 万年前的上新世时期，处于金沙江与珠江两大流域分水岭地带，南北、东西两岸地形、地貌不同。湖盆东西两侧为断层崖或断块山地分水岭，呈人字形分布，断块山地在湖区分布较广，其山脉自北向南延伸，延绵不断，山体陡峭。抚仙湖西岸与东岸相比，在近湖岸等高线相对稀疏，地势相对平坦。在地质构造上，抚仙湖位于扬子地台滇桂台向斜的滇东凹陷，是 20 世纪以来构造断裂形成的地堑盆地，属于比较年轻的断陷湖泊。以石灰岩为主的碳酸盐岩分布于抚仙湖的东岸、南岸，北、西两岸有少量分布，约占湖区岩类面积的 60%。以砂岩及页岩为主的碎屑岩类分布于北西岸，面积占湖区岩类面积的 40%，多冲沟坡箐，岩石易风化，是水土保持的重点地区。

2.1.2.4 程海

程海流域内的成土母质主要为玄武岩、石灰岩风化土，在近分水岭地带，分布有少量草甸土，其余土壤均为玄武质红壤、棕壤、红棕壤、红褐土和水稻土。程海湖泊断陷特征比较明显，周围山峰陡峭，垂直高差为 1500m 左右。流域内陆地生态环境较差，植被破坏严重，森林覆盖率仅为 5.37%，且主要为灌草丛，水土流失严重，土壤侵蚀率达 61.59%。

2.1.2.5 泸沽湖

泸沽湖流域地处横断山系北段，为滇中盆地山原区及滇西北中山山原亚区的交界地带。泸沽湖属于相对低洼的盆地，在地质构造上属断层结构，是由地壳运动而形成的高原溶蚀断陷湖盆，这种构造同新疆伊犁哈萨克斯坦自治州北面的赛里木湖类似。泸沽湖整个湖盆质地为岩石，内壁非常陡峭，但四川一侧因在地质史上有大量山脉泥沙冲积入湖，其内壁陡峭程度较云南一侧轻一些，云南这侧的山脉几乎是直插湖底。

流域土地利用类型以林地为主，森林覆盖率为 63.3%，现状流域植被中，以灌丛类和云南松林占主要部分，生境条件特殊，长期以来未遭受生态性灾难，湖水清澈，水质优良，物种丰富。水生植物种类和数量丰富度在全国的高原湖泊中是少见的。据统计，水生维管束植物共有 42 种，其中蕨类植物 3 种、双子叶植物 14 种、单子叶植物 25 种。

2.1.2.6 杞麓湖

杞麓湖四周高山环绕，流域明显分为 3 个部分：盆湖坝子、中山台地和高山地区。湖周由五垴山、秀山等群山环抱，环湖为通海坝子，坝区与周围诸山分山岭相对高差为 300～500m，流域最高点为螺峰山，海拔为 2441.1m，最低点为东部湖底，海拔约 1790m。

2.1.2.7 星云湖

星云湖与抚仙湖远古时期处于同一片水域，由于湖泊的不断退化分隔成两片，目前两湖间由 2.5km 的隔河相连。星云湖是由断层形成的湖泊，主要是燕山运动、喜马拉雅山运动和新构造运动的结果，第四世纪晚期，云南高原不断运动，因其底断裂及断裂的强烈运动，致使夷平面解体在江川、澄江、华宁及周围新断裂沿线，局部拉张了断陷盆地出现沼泽、湖泊环境。

2.1.2.8 异龙湖

异龙湖形成于喜马拉雅山造山运动时期，在内外营力作用下，周围山体抬升，湖盆中心下沉，积水溶蚀石灰岩形成湖泊。湖面呈东西向条带状，东部与泸江相接，西岸为石屏坝子，北倚乾阳山，湖岸线平直，南岸五爪山沟谷发育，形如五爪伸入湖中，山水相含形成数个大小湖湾。湖盆周围为波状起伏的山地地形，一般海拔为 1500～2000m，异龙湖流域外，东、南、西三面地势均低于湖盆，异龙湖似山地上的一碗水，其沼泽化程度居九湖之首，现已成为无山流的封闭型浅水湖。

2.1.2.9 阳宗海

阳宗海流域水域面积 31.9km^2，陆域盆地面积 19.1km^2，山地及台地面积 149km^2，呈南北狭长状分布，湖体位于流域正中，四周群山环抱，海拔为 1730～2768m，山体呈阶梯状。盆地西部高于东部，南部高于北部，东西山体分水岭高程一般为 2100～2400m，流域最高海拔为 2768m，海拔最低处为阳宗海湖面。阳宗海属滇东高原湖盆区岩溶地貌，受燕山运动和新构造运动的影响，湖泊沿构造线发育。

阳宗海流域以侵蚀、溶蚀、岩溶高原地貌形态为主，石灰岩广泛分布，岩溶地貌较发育，地层出露主要以古生界砂页岩和板岩为主。地下水类型主要为三叠系石灰岩岩溶裂隙水、第四系冲积层孔隙水，均为大气降水补给，以泉和暗河的形式排泄，如呈贡区胡家庄、王家庄、三十亩等泉水。

2.1.3 气候特征

云南气候类型总体上有气候类型多样、东西部差异显著、垂直变异明显、干湿季分明等特点。全省由南至北有北热带、南亚热带、中亚热带、北亚热带、暖温带、温带、寒温带等 7 个气候带。年平均气温为 4.7～23.7℃，年平均相对湿度为 54％～86％，年平均有霜日数为 0～165d，多年平均年降水量为 300～4000mm，年平均水面蒸发量为 800～2400mm。

2.1.3.1　滇池流域

滇池流域地处低纬度、高海拔地区，属中热带高原季风气候区，日温差较大。冬春控制该地区的主要气流为西方干暖气团，天气晴朗少雨；夏秋主要受西南暖湿气流和东南暖湿气流控制，天气湿润多雨，流域内多年平均气温为14.7℃，最冷月为1月，平均气温为7.7℃，最热月为7月，平均气温为19.8℃，极端最高气温为35℃，年平均日照时数为2448.7h；多年平均年降水量为931.8mm，最大年降水量为1405.7mm，每年5月中旬进入雨季，到10月上旬雨季结束，雨季降水量占全年总降水量的70%～75%；全年无霜期为227d，冬无严寒、夏无酷暑，四季如春，干湿分明；常年风向为西南向，年平均风速为2.2～3.0m/s。

2.1.3.2　洱海流域

洱海流域属印度洋气候影响的中亚热带西南季风气候带。由于高原气候的特点，加上印度洋海洋气团的调节，使流域气候具有常年如初春、寒止于凉、暑止于温的特点。全年有干湿季之别而无明显四季之分。洱海流域坝区年平均气温为15.1℃，最热月为7月，平均气温为20.1℃，最冷月为1月，平均气温为8.5℃，无高于35℃和低于5℃的日平均气温，年温差较小。以2000m高程为起点，海拔每上升100m，气温下降0.65℃。年平均日照时数为2276.6h，对植物生长有利。根据1956年以来的降水资料分析可知，雨量充沛，年平均降水量为1102.9mm，但分布不均，约85.6%的降水集中在5—10月。

苍山主峰终年积雪，具有热、温、寒3个植物气候带，形成典型的立体气候特点。冬春季节由于西南季风顺澜沧江河谷而上，通过西洱河峡谷，在天生桥大隘口形成特大风压，突谷而出进入洱海区域，便形成了龙吟虎啸般的"下关风"，据气象站资料统计，最大风速可达27.9m/s，平均风速为4.1m/s，其中70%以上为定向的西南风。

2.1.3.3　抚仙湖、星云湖流域

抚仙湖、星云湖流域位于亚热带季风气候区域，属中亚热带半湿润季风气候区，冬半年（11月至次年4月）受印度北部次大陆干暖气流和北方南下的干冷气流控制，夏半年（5—10月）主要受孟加拉湾西南季风和太平洋东南季风影响，冬春干旱，夏秋多雨湿热，干湿季节分明是该地区气候的主要特征。流域内常年平均气温为15.6℃，最热月为7月，平均气温为20.5℃，最冷月为1月，平均气温为8.3℃。平均相对湿度为75%～80%，全年无霜期为330d，多年平均年降水量为948.1mm。

2.1.3.4　程海流域

程海流域属中亚热带高原季风气候区，主要盛行南风，冬春干旱、夏秋

多雨，年平均气温为 17.8℃，最冷月平均气温为 8～11℃。流域多年平均年降水量为 725.5mm，蒸发量为 2269.4mm；湖面年平均降水量为 733.6mm，蒸发量为 2169mm，蒸发量大约是降水量的 3 倍。

2.1.3.5 泸沽湖流域

泸沽湖流域地处西南季风气候区域，属低纬高原季风气候区，具有暖温带山地季风气候的特点，冬暖夏凉、冬无严寒、气候温和。年平均气温为 12～14℃，1 月平均气温为 5～6℃，7 月平均气温为 19～20℃；湖水全年不结冰，光照充足。

2.1.3.6 杞麓湖流域

杞麓湖流域处于北回归线附近的低纬度高海拔地区，属中亚热带湿润高原凉冬季风气候区，冬半年（11 月至次年 4 月）受印度北部次大陆干暖气流和北方南下的干冷气流控制，夏半年（5—10 月）主要受孟加拉湾西南暖湿气流和太平洋东南暖湿气流控制；冬春干旱，夏秋多雨湿热，干湿季节分明，气温分布为北低南高、西低东高。年平均日照时数为 2286.3h，年日照率为 52%。流域年平均气温为 15.6℃，全年无霜期为 338d。

2.1.3.7 异龙湖流域

异龙湖流域属北亚热带干燥季风与中热带半湿润季风气候区，位于珠江流域与红河流域的分水岭上，具有干湿季分明的特点。汛期受孟加拉湾和北部湾暖湿气流的影响，降水量丰富，枯季受西方高原干暖气流的控制，干旱少雨。年平均气温为 18℃，年温差一般小于 10℃，全年无霜期为 360d 左右，年平均日照时数为 2233h，多年平均年降水量为 894.0mm，平均风速为 1.9m/s，常年多为西北风，具有干湿季分明、夏季多雨、雨热同季、日温差大、年温差小的气候特点。

2.1.3.8 阳宗海流域

阳宗海流域属北亚热带气候区，受季风影响明显，流域内冬无严寒、夏无酷暑、四季如春、干湿分明，流域多年平均年降水量为 963.5mm。湖区多年平均气温为 16.2℃，多年极端最低气温为 -10℃，多年极端最高气温为 35.6℃。阳宗海常年主导风向为西南偏西向，湖区平均风速为 3.0m/s，最大风速为 22.0m/s。

2.1.4 河流水系

云南河流众多，水系发育，纵横交错，分属于长江、珠江、红河、澜沧江、怒江、独龙江六大水系。全省河流流域面积在 100km² 以上的有 908 条，1000km² 以上的有 108 条，5000km² 以上的有 25 条，10000km² 以上的有 10

条。河川径流以降水补给为主,只有滇西北高山地区的少数河流有冰川、融雪水补给。云南是全国断陷湖盆集中分布的地区,主要分布在滇西北和滇东一级、二级支流源头的分水岭地带。

2.1.4.1 滇池

有 30 余条河流呈向心状注入滇池湖区,昆明市入滇池主要河流按顺时针由北至南排序依次有:王家堆渠、新运粮河、老运粮河、乌龙河、大观河、西坝河、船房河、采莲河、金家河、正大河、盘龙江、老盘龙江、大清河、海河、六甲宝象河、小清河、五甲宝象河、虾坝河、姚安河、老宝象河、宝象河、老河、关锁马料河、矣六马料河、洛龙河、捞鱼河、梁王河、南冲河、淤泥河、晋宁大河、白鱼河、柴河、东大河、中河、古城河共 35 条。径流面积大于 100km² 的主要河流有盘龙江、宝象河、洛龙河、捞鱼河、大河、柴河、东大河等 7 条,其中径流面积最大的为滇池正源盘龙江,盘龙江是昆明市的城市中轴线和主要景观河道,具有重要的城市防洪、排涝功能,被誉为昆明的"母亲河",横贯整个昆明坝子。滇池出湖河流为西南隅的海口河,1996 年 8 月后新增西园隧洞人工出湖口。

滇池流域多年平均年降水量为 931.8mm,湖面多年平均年水面蒸发量为 1309.6 mm,多年平均出湖水量为 12.1 亿 m³,2014 年蓄水量为 15.7708 亿 m³,最大蓄水量为 16.149 亿 m³,最小蓄水量为 15.3846 亿 m³。

2.1.4.2 洱海

洱海流域多年平均年降水量为 1084.15mm,湖面多年平均年水面蒸发量为 1273mm,多年平均出湖水量为 7.4371 亿 m³,多年平均蓄水变量为 1.53 亿 m³,2014 年蓄水量为 28.35 亿 m³,最大蓄水量为 29.21 亿 m³,最小蓄水量为 26.85 亿 m³。洱海上游有茈碧湖、海西海、西湖等高原断陷湖泊,区内河流河网较多,入湖河流大小共 117 条。洱海北承弥苴河注入,西纳苍山十八溪,东收波罗江、凤尾阱等,西出西洱河,汇入黑惠江,最后汇入澜沧江。西洱河是洱海唯一天然出湖河流,1994 年以后在洱海东部增加了引洱入宾人工隧洞。现洱海出流完全由人工控制。

2.1.4.3 抚仙湖

汇入抚仙湖的河流及山溪有 60 多条,较大的有尖山河、路居河、东大河、西大河、梁王河等 27 条,其中集水面积大于 30km² 的有东大河、西大河 2 条,10～30km² 的有 8 条,小于 10km² 的有 17 条,这些河流大多是间隙性的小山溪,并呈辐合状汇入抚仙湖。历史上海口河是抚仙湖唯一的明河出水口,经出流改道后,隔河也成为抚仙湖的主要出湖河流之一。抚仙湖最高蓄水位为 1722.50m(黄海高程),最低运行水位为 1720.80m。

2.1.4.4 程海

在明代以前，程海是一个与江河相通自由出流的湖泊；明代以后，湖水位逐渐下降，清乾隆年间由于疏浚河道引灌农田，致使湖水不复自流，变成一个内陆封闭型高原深水湖泊。如今流域内无常年性地表河流，湖水补给主要靠地下水、湖面降水、雨季汇集周围山区降水及仙人河引水。程海主要入湖河流和冲沟有 47 条，但流程十分短小，多数河流为季节性溪流。

2.1.4.5 泸沽湖

泸沽湖是金沙江支流雅砻江水系的淡水湖泊，入湖河流短小，有三家村溪流、小渔坝溪流等多条小河注入，湖水从东南部的草海出口，流经前所河、卧罗河与理塘河后汇入雅砻江。

泸沽湖流域集水面积为 247.8km²，其中云南省境内 107km²。多年平均入湖径流量为 0.79 亿 m³，多年平均年降水量为 0.5 亿 m³，出湖河流为四川省的打冲河，每年 1—5 月湖水基本没有外泄，出湖流量汛期达 3～5m³/s，10 月以后出湖流量甚小，6—10 月多年平均出湖流量为 4m³/s，平均出湖水量为 0.529 亿 m³，流域水量收支大体平衡。

2.1.4.6 杞麓湖

杞麓湖无明河出水口，为封闭型高原湖泊，一般年份无弃水，洪水年于湖东南面的岳家落水洞呈伏流汇入南盘江支流曲江。

2.1.4.7 星云湖

汇入星云湖的主要河流有大街河、大庄河、旧州河、大寨河、螺蛳河、东西大河、学河、周德营河、大龙潭河、渔村河、小街河、周官河，湖区出露泉水 24 处，年出水量大约 2100 万 m³。其中，大于 30km² 的入湖主要河流是东西大河、螺蛳河，其余为季节性河流。

2.1.4.8 异龙湖

异龙湖流域面积 326km²，入湖河流主要有赤瑞海河（城河）、城北河、城南河、龙港河、大水河、大沙河、渔村河，这 7 条入湖河流控制流域面积在 70% 以上。异龙湖具有多种功能，是沿湖区域的工农业用水水源，兼具渔业、灌溉、旅游、航运等功能，同时其下泄水可作为下游区域的灌溉水源。

2.1.4.9 阳宗海

阳宗海主要入湖河流在流域南部，有阳宗大河、石寨河、七星河等，其中阳宗大河、七星河两河均发源于澄江境内的梁王山，河流短、流量小，上游分别建有三岔井水库和七星河水库。1959 年 11 月，从流域北部的摆夷河修建引水渠引水入阳宗海，渠上设有分水闸，摆夷河年引水入湖量为 1850 万 m³。明洪武年间人工开凿的汤池渠为阳宗海唯一的出口河道，长约 3.5km，湖水沿渠入南盘江。

阳宗海流域面积192km²，多年平均水资源量为 0.3247 亿 m³，流域多年平均陆地产水量为 0.4003 亿 m³，湖面产水量为－0.0756 亿 m³。摆夷河流域多年平均水资源量为 0.2958 亿 m³，其中多年平均引入阳宗海的水量为 0.1790 亿 m³，占引水区以上流域总来水量的 60.5%。

2.2 社会经济

云南省辖 16 个州（市），共有 129 个县级行政区，截至 2014 年年底，全省总人口 4713.9 万人。全省 2014 年实现国内生产总值 12815 亿元，其中第一产业 1990 亿元、第二产业 5282 亿元、第三产业 5543 亿元，三产结构比为 16：41：43，人均国内生产总值为 27186 元。

云南九湖流域面积约占全省面积的 2%，根据《2014 云南统计年鉴》，2014 年年末九湖流域涉及昆明、大理、玉溪、丽江、红河 5 个州（市）的 16 个县（市、区）的总人口 730.0 万人，约占全省人口总数的 15%；生产总值为 3795.24 亿元，约占全省生产总值的 30%；人均生产总值为 40782 元，是全省平均水平的 1.5 倍。九湖流域还是云南粮食的主产区，汇集全省 70% 以上的大中型企业，云南的经济中心、重要城市也大多位于九湖流域内，九湖流域是全省居民最密集、人为活动最频繁、经济最发达的地区。云南九湖具有供水、农灌、发电、航运、水产养殖、旅游等多种功能，为云南省重要城市发展、现代农业尤其是高原特色农业发展、旅游开发、特色产品开发提供基础支撑，湖区经济在云南省经济发展中的战略地位和作用举足轻重。云南九湖流域经济概况见表 2.2。

表 2.2　　　　　　　　云南九湖流域经济概况

州（市）	湖泊	县（市、区）	生产总值/亿元				总人口/万人	粮食产量/万 t
			总和	第一产业	第二产业	第三产业		
昆明市	滇池、阳宗海	呈贡区	166.14	5.36	94.38	66.40	33.0	0.30
		五华区	868.81	1.96	492.33	374.52	86.6	0.97
		盘龙区	479.12	4.75	145.95	328.42	82.6	4.35
		官渡区	834.31	8.20	306.67	519.44	87.4	2.48
		西山区	413.93	3.45	117.34	293.14	77.5	1.85
		晋宁区	104.61	19.06	43.59	41.96	29.7	4.79
		宜良县	140.01	41.51	40.92	57.58	43.2	17.82

续表

州（市）	湖 泊	县（市、区）	生产总值/亿元				总人口/万人	粮食产量/万 t
			总和	第一产业	第二产业	第三产业		
玉溪市	抚仙湖、星云湖、杞麓湖	江川区	65.60	14.46	20.72	30.42	28.5	4.23
		澄江县	64.47	9.74	21.34	33.39	17.4	3.67
		通海县	83.44	14.54	31.75	37.15	31.0	3.72
		华宁县	63.14	16.35	17.39	29.40	21.9	5.89
丽江市	泸沽湖、程海	永胜县	63.04	15.06	31.59	16.39	40.1	18.75
		宁蒗县	30.16	7.20	12.17	10.79	26.6	8.20
红河州	异龙湖	石屏县	51.72	20.95	12.89	17.88	30.7	13.11
大理州	洱海	大理市	316.65	21.19	152.56	142.90	66.4	18.11
		洱源县	50.09	16.46	17.06	16.57	27.4	2.95
合计			3795.24	220.24	1558.65	2016.35	730.0	111.19
占全省比例			30%	11%	30%	36%	15%	6%

2.2.1 滇池流域

滇池流域涉及昆明市的五华区、盘龙区、官渡区、西山区、呈贡区、晋宁区，是云南省政治经济文化中心，自然资源丰富、工业集中、商贸发达、旅游环境好。滇池流域内的昆明市是我国 24 个历史文化名城之一。近年来，随着旅游经济的飞速发展，滇池地区已形成一个集山、水、园、石、林、湖滨和人工游乐园为一体，能进行游泳、垂钓、采风等旅游活动的大型旅游区，成为一个旅游度假胜地。滇池流域人口稠密，经济发达，逐步形成了烟草、电子等各种门类齐全的工业体系。

2.2.2 洱海流域

洱海流域地跨大理市和洱源县两个市（县），大理市和洱源县共有 21 个乡镇、232 个行政村。近 10 年来，洱海流域三大产业发展速度迅猛，尤其是第二、第三产业，其总产值分别年均增长 10.5%、14.5%。

2.2.3 抚仙湖流域

抚仙湖流域涉及江川县、澄江县和华宁县，流域内土地肥沃，物产丰富，主产稻、麦、蚕豆、烤烟和油菜，是有名的滇中谷仓，又是闻名全国的云烟之乡。抚仙湖流域涉及 3 县 8 镇的 238 个自然村。流域内的社会经济结构正在转型，以旅游业为龙头的第三产业正在崛起，以粮食为主导，烤烟为支柱，乡镇企业为优势的原经济格局正在改变。

2.2.4 程海流域

程海流域属丽江市永胜县程海镇辖区，涉及潘茛、季官、河口、东湖、星湖、海腰、马军、兴仁、兴义等9个村委会47个自然村。流域以种植水稻、玉米、甘蔗、大蒜、生姜和蔬菜为主。全年化肥施用的种类以氮肥、磷肥为主。程海流域畜牧业以养殖牛、马、猪、羊、家禽为主。流域各村畜禽养殖量较为均衡，均为家庭散养，没有养殖小区和规模化养殖场。程海流域分布有工业企业7家，其中5家属于螺旋藻养殖与加工企业，1家为银鱼产品加工企业，1家为蔬菜、果品加工企业。

2.2.5 泸沽湖流域

泸沽湖流域云南省境内流域面积为107km²，行政区划包括云南省宁蒗县永宁乡的落水村1个村委会，四川省盐源县泸沽湖镇的木垮村、多舍村、海门村、匹夫村、布术村、山南村、直普村、舍垮村8个村委会，有摩梭人和彝族、汉族、纳西族、藏族、普米族、白族、壮族等7个民族，流域以农村经济和旅游经济为主。耕地类型均为旱地，全流域复种指数为1.81。主要种植粮食作物为玉米、马铃薯、大豆、荞子、燕麦等。泸沽湖景区正日益成为旅游的热点地区，近年来，随着旅游人数的不断增加，影响和改变了当地居民的生产生活方式，旅游经济迅速发展，旅游服务业的收入逐渐成为泸沽湖周边村落家庭的主要收入来源。

2.2.6 杞麓湖流域

杞麓湖流域主要遍布通海县，社会经济收入主要以农业为主，灌溉以提水为主。通海县是著名的蔬菜基地和烤烟高产区，杞麓湖是通海县最重要的水资源，全县86.7%的耕地灌溉用水主要依靠杞麓湖。杞麓湖流域是通海县社会经济发展的主体，是通海县生存发展的基础，通海人民把杞麓湖称为"母亲湖"。

2.2.7 星云湖流域

星云湖流域地处江川县，社会经济收入主要以渔业和农业为主。星云湖是发展水产养殖业的天然场所，也是云南省较早有专业部门繁殖和放养鱼类的湖泊，素以单位产量高而著称。湖内主要鱼类有20种，闻名全国的"江川大头鱼"就产于星云湖，头大肉肥，味道鲜美，为湖中名贵鱼种。

2.2.8　异龙湖流域

异龙湖流域是红河州石屏县经济最发达、人口最集中、城市化水平最高的区域，石屏县共有 9 个乡镇、115 个行政村。异龙湖流域分属异龙镇、宝秀镇和坝心镇。经过长期开发利用，流域土地利用类型以农业用地面积为主，耕地、农村居民地、鱼塘以及果园等农业用地面积占流域总面积的 39.63%，占流域陆域总面积的 42.9%。

2.2.9　阳宗海流域

阳宗海流域主要涉及昆明市的宜良县、呈贡区及玉溪市的澄江县，在云南九湖中，属于中密度人口区。阳宗海流域范围内规模以上工业企业数量不多，大部分分布于流域内的汤池街道办事处，除云南铝业和阳宗海电厂外，其他工业企业的规模都不大，科技含量较低，缺乏竞争力。流域内农业产业主要以水稻、玉米、烤烟、蔬菜种植等传统农业为主，农业现代化程度较低。阳宗海区域的旅游业发展经历了艰辛的历程，20 世纪 90 年代初，阳宗海北部区域旅游业发展迅速，1992 年被列为云南省省级旅游度假区，成为云南旅游"一次创业"的领头羊，90 年代中后期阳宗海旅游业发展逐步衰退，仅存春城湖畔旅游度假村和柏联温泉酒店两家有较大影响力的企业，2008 年的砷污染事件又给阳宗海旅游业的发展带来严重负面影响。

2.3　水资源开发利用现状

云南九湖发挥着调蓄水资源、防洪涝、实施农业灌溉、保护生态环境、调节湖泊水陆系统循环、栖息繁衍水生动植物、涵养地下水、调节气候和旅游观光等多种功能，在云南省经济社会发展中具有四大功能：①支持大都市发展；②支持农业，特别是现代农业的发展；③支持旅游业的发展；④支持特色产品的开发。云南省的经济中心、重要城市也大多集中在九湖流域内，因此，九湖流域也是全省水资源开发利用率最高的区域。

2.3.1　滇池流域

滇池流域人类活动影响较为频繁，属水资源缺少地区，且年际变化大，存在连续丰水、连续枯水长周期变化的特点。螳螂川海口以上滇池流域，是人口稠密、经济发达的湖滨盆地，也是云南省的政治、文化、经济中心，水资源开发利用程度较高。滇池的开发利用源远流长，首先是提供环湖农业、工业与城市供水，其次表现为渔业、航运、旅游等诸多方面。

目前，滇池流域内已建成了松华坝大型水库，宝象河、果林、横冲、松茂、大河、柴河、双龙等 7 座中型水库，29 座小（1）型水库，128 座小（2）型水库，500 余座塘坝，总库容 4.37 亿 m^3，兴利库容 2.70 亿 m^3；引水工程 110 座；滇池及主要支流上的提水工程 992 座；水井工程 134 座；调水工程 2 座。各项水利工程设计总供水能力为 12.1 亿 m^3。滇池流域主要水利工程概况见表 2.3。

表 2.3　　　　　　　　　　滇池流域主要水利工程概况

项　　目		径流面积 /km^2	总库容 /万 m^3	兴利库容 /万 m^3	年供水量 /万 m^3	有效灌溉面积 /$10^3 hm^2$
大型水库	松华坝水库	593.0	21900	10500	14700.0	1.80
中型水库	宝象河水库	67.0	2070	1550	2170.0	0.67
	松茂水库	41.1	1600	973	918.4	1.30
	横冲水库	28.2	1000	656	553.0	1.66
	果林水库	38.9	1140	395	1362.2	0.33
	大河水库	44.1	1850	1600	2240.0	1.39
	柴河水库	106.5	2200	1590	2226.0	1.12
	双龙水库	54.0	1224	1216	1702.4	0.70
大、中型水库（8 座）		972.8	32984	18480	25872.0	8.97
小型水库（157 座）		686.4	9616	7520	8212.0	10.54
坝塘（500 余座）			1100	1000	1200.0	
滇　池			156310	57120	57120.0	
合　计			2000010	84120	92404.0	

根据计算，滇池流域多年平均水资源总量为 9.5222 亿 m^3，流域水资源较少，靠城市污水和农田回归水直接或间接排入滇池后多次循环使用来弥补。区域内水利工程较多，水资源开发利用程度较高，水资源经重复利用，利用率已高达 161%。水资源量少，水资源与人口、经济极不匹配。为满足城市发展需要，全面改善滇池水环境质量，昆明市实施了牛栏江-滇池补水工程。该工程多年平均设计引水量为 6.25 亿 m^3，其中枯季引水量为 2.68 亿 m^3，汛期引水量为 3.57 亿 m^3，扣除 3% 的输水损失，进入滇池的环境补水量为 6.06 亿 m^3。该工程已于 2014 年 1 月正式通水，至 2015 年年末已为滇池补水 10 亿多 m^3。

2.3.2　洱海流域

洱海位于云南大理郊区，是一个风光秀媚的高原淡水湖泊，具有优越的区位优势，显著的综合功能，厚重的历史文化，良好的发展环境，是大理政治、经济、文化的摇篮，也是大理白族自治州经济可持续发展的基础。洱海流域多年平均水资源总量为 8.262 亿 m³，现状年人均水资源量为 948m³，仅为全省人均水资源量的 29.7%，是全国人均水资源量的 45.11%。

目前，洱海流域内已建成了三岔河水库、海西海水库、茈碧湖水库 3 座中型水库，4 座小（1）型水库，32 座小（2）型水库，总库容 18849.53 万 m³，兴利库容 8839.49 万 m³；调水工程 1 座。洱海流域主要水利工程概况见表 2.4。

表 2.4　　　　　　　　　　　　　　洱海流域主要水利工程概况

项　　目			座数/座	径流面积/km²	总库容/万 m³	兴利库容/万 m³	死库容/万 m³	农业设计供水能力	
								供水量/万 m³	设计灌面积/万亩
蓄水工程	中型水库	三岔河水库	1		1152.00	840.20	110.00		1.7600
		海西海水库	1		6185.00	4194.00	1116.00		5.0000
		茈碧湖水库	1		9360.00	2280.00	6880.00		0.2000
	小（1）型水库		4		1296.73	866.49	95.30		2.9963
	小（2）型水库		32		855.80	658.80	107.59		2.7580
调水工程			1					7300	5.8000
合计			40	0	18849.53	8839.49	8308.89	7300	18.5143

2014 年洱海流域各类水利工程总供水量为 2.5346 亿 m³，其中蓄水、引水、提水、地下水及外流域调水供水量分别为 0.7856 亿 m³、0.6768 亿 m³、1.0503 亿 m³、0.0219 亿 m³、0 亿 m³，分别占总供水量的 31.0%、26.7%、41.4%、0.9%、0%。流域总用水量为 6.1866 亿 m³，各行业用水量中农业灌溉用水量、工业生产用水量、城镇生活用水量、农村人畜用水量分别为 5.6740 亿 m³、0.1688 亿 m³、0.1314 亿 m³、0.2124 亿 m³，分别占总用水量的 91.70%、2.73%、2.12%、3.45%。洱海流域各行业用水比例如图 2.1 所示。

洱海流域多年平均自产水资源量为 9.143 亿 m³，现状年流域内用水总量为 6.1866 亿 m³，计算得水资源开发利用率

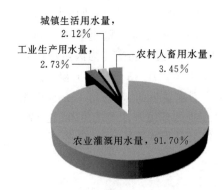

城镇生活用水量，2.12%
工业生产用水量，2.73%
农村人畜用水量，3.45%
农业灌溉用水量，91.70%

图 2.1　洱海流域各行业用水比例

达 67.7%。

2.3.3 抚仙湖流域

抚仙湖流域多年平均年降水量为 948.1mm，湖面多年平均年水面蒸发量为 1358mm。根据澄江海口水文站 1957—2008 年出流资料，多年平均出湖水量为 0.8817 亿 m^3；根据澄江海口水文站 1953—2014 年水位观测资料，抚仙湖多年平均最高水位为 1721.64m（老黄海基面），多年平均最低水位为 1720.89m（老黄海基面），多年平均蓄水变量为 1.62 亿 m^3。2014 年蓄水量为 200.58 亿 m^3，最大蓄水量为 201.46 亿 m^3，最小蓄水量为 199.93 亿 m^3。抚仙湖属珠江流域曲江 4 级区，抚仙湖水资源主要靠降水地表径流补给。根据《玉溪市中心城区饮水安全规划》对抚仙湖和星云湖 1961—2006 年径流还原成果，两湖总入湖径流量为 46368 万 m^3，湖面蒸发量为 33458 万 m^3，扣除湖面蒸发量后多年平均水资源量为 12910 万 m^3。其中，抚仙湖多年平均总入湖径流量为 35407 万 m^3（其中陆面产水量为 16218 万 m^3，湖面降水量为 19189 万 m^3），湖面蒸发量为 28797 万 m^3，扣除湖面蒸发量后多年平均水资源量为 6610 万 m^3。抚仙湖流域 2013 年人均水资源量为 534m^3，仅为全省人均水资源量的 14.7%，是全国人均水资源量的 25.9%。

2014 年抚仙湖流域各类水利工程总供水量为 4466 万 m^3，其中蓄水、引水、提水、地下水及外流域调水供水量分别为 2966 万 m^3、312 万 m^3、1037 万 m^3、151 万 m^3、0 万 m^3，分别占总供水量的 66.4%、7.0%、23.2%、3.4%、0%。流域总用水量为 4466 万 m^3，各行业用水量中农业灌溉用水量、工业生产用水量、城镇生活用水量、农村人畜用水量分别为 3613 万 m^3、317 万 m^3、250 万 m^3、286 万 m^3，分别占

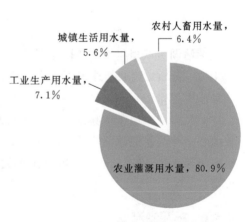

图 2.2 抚仙湖流域各行业用水比例

总用水量的 80.9%、7.1%、5.6%、6.4%。抚仙湖流域各行业用水比例如图 2.2 所示。

2014 年抚仙湖径流区用水总量为 4466 万 m^3，该径流区多年平均水资源量为 6610 万 m^3，计算得水资源开发利用率为 68%。

2.3.4 程海流域

程海流域多年平均年降水量为 745.4mm，湖面多年平均年水面蒸发量为 1787.4mm，多年平均蓄水变量为 -0.0926 亿 m^3，2014 年年均蓄水量为 17.88 亿 m^3，最大蓄水量为 18.496 亿 m^3，最小蓄水量为 16.755 亿 m^3。程海流域多年平均水资源总量为 0.1248 亿 m^3，现状年人均水资源量为 221.7 m^3。

2011 年程海流域各类水利工程总供水量为 1064 万 m^3，其中蓄水和提水供水量分别为 601.1 万 m^3、463.1 万 m^3，分别占总供水量的 56.5%、43.5%。流域总用水量为 2457 万 m^3，各行业用水量中农业灌溉用水量、工业生产用水量、农村人畜用水量分别为 2061 万 m^3、300 万 m^3、96 万 m^3，分别占总用水量 83.9%、12.2%、3.9%。程海流域各行业用水比例如图 2.3 所示。

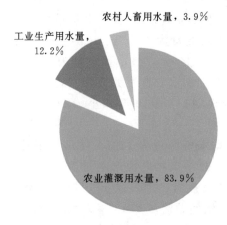

农村人畜用水量，3.9%

工业生产用水量，12.2%

农业灌溉用水量，83.9%

图 2.3　程海流域各行业用水比例

2.3.5 泸沽湖流域

泸沽湖流域多年平均年降水量为 1104.6mm，湖面多年平均年水面蒸发量为 1097.8mm，流域陆地多年平均径流深为 406mm，产水量为 0.7978 亿 m^3，流域水资源量为 0.673 亿 m^3。

泸沽湖流域属宁蒗县永宁乡落水行政村管辖，共有 11 个自然村。流域耕地面积占全县耕地总面积的 1.0%，人口占全县总人口的 1.3%。流域内人均水资源量为 21586.3 m^3。流域内无较大水利工程，在九湖流域中开发利用程度最低。

2.3.6 杞麓湖流域

杞麓湖水源主要靠降水补给，无地表明流出口，丰水年调节剩余的水量由落水洞伏流至华宁王马龙潭出露，平均年泄水量为 1320 万 m^3。杞麓湖区径流面积为 354km^2，流域内共有红旗河、中河、者湾河、大新河、十里沙沟、二街沙沟、姜家冲沟等 14 条入湖河流，其中红旗河、中河、者湾河、大新河为入湖河流中最主要的 4 条河流，年均径流量为 5985 万 m^3，占流域年均径流量的 71%（资料来源于《杞麓湖"十二五"规划》）。杞麓湖流域 2013 年人均水资源量为 351m³，仅为全省人均水资源量的 9.6%，是全国人均水资源量的 17.0%，略高于严重缺水的京津唐地区，接近极度缺水状态。2014 年杞麓湖年均蓄水量为 71.46 万 m³，最大蓄水量为 105.04 万 m³，最小蓄水量为 37.87 万 m³。2014 年杞麓湖流域各类水利工程总供水量为 4945 万 m³，其中蓄水、引水、提水、地下水及外流域调水供水量分别为 820 万 m³、0 万 m³、3363 万 m³、763 万 m³、0 万 m³，分别占总供水量的 16.6%、0%、68.0%、15.4%、0%。流域总用水量为 4945 万 m³，各行业用水量中农业灌溉用水量、工业生产用水量、城镇生活用水量、农村人畜用水量分别为 3654 万 m³、677 万 m³、134 万 m³、480 万 m³，分别占总用水量 73.9%、13.7%、2.7%、9.7%。杞麓湖流域各行业用水比例如图 2.4 所示。

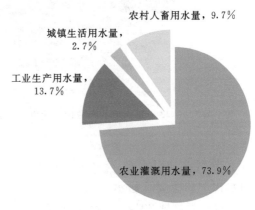

图 2.4　杞麓湖流域各行业用水比例

　　杞麓湖径流区所属的通海县 2014 年用水总量为 4945 万 m³，多年平均水资源量为 10851 万 m³，全县水资源开发利用率为 45.6%。

2.3.7　星云湖流域

　　星云湖流域多年平均年降水量为 870.6mm，湖面多年平均年水面蒸发量为 1986.6mm。2014 年星云湖蓄水量为 161.14 万 m³，最大蓄水量为 179.27 万 m³，最小蓄水量为 143.02 万 m³。星云湖属珠江流域曲江 4 级区，其水资源主要靠降水地表径流补给。根据《玉溪市中心城区饮水安全规划》对抚仙湖和星云湖 1961—2006 年 46 年径流还原成果，两湖总入湖径流量为 46368 万 m³，湖面蒸发量为 33458 万 m³，扣除湖面蒸发量后多年平均水资源量为 12910 万 m³。其中，星云湖多年平均总入湖径流量为 10961 万 m³（其中陆面产水量为 7966 万 m³，湖面降水量为 2995 万 m³），湖面蒸发量为 4661 万 m³，扣除湖面蒸发量后多年平均水资源量为 6300 万 m³。星云湖流域 2013 年人均水资源量为 300m³，仅为全省人均水资源量的 8.2%，是全国人均水资源量的 14.5%，与严重缺水的京津唐地区相似，处于严重缺水

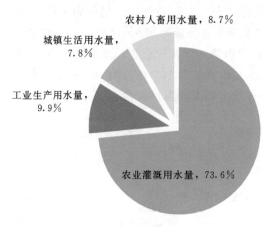

图 2.5　星云湖流域各行业用水比例

状态。2014 年星云湖流域各类水利工程总供水量为 3645 万 m³，其中蓄水、引水、提水、地下水及外流域调水供水量分别为 3328 万 m³、0 万 m³、0 万 m³、317 万 m³、0 万 m³，分别占总供水量的 91.3%、0%、0%、8.7%、0%。流域总用水量为 3645 万 m³，各行业用水量中农业灌溉用水量、工业生产用水量、城镇生活用水量、农村人畜用水量分别为 2683 万 m³、361 万 m³、284 万 m³、317 万 m³，分别占总用水量 73.6%、9.9%、7.8%、8.7%。星云湖流域各行业用水比例如图 2.5 所示。

星云湖流域 2014 年用水总量为 2683 万 m³，多年平均水资源量为 6300 万 m³，计算得水资源开发利用率为 42.6%。

2.3.8　异龙湖流域

异龙湖流域多年平均年降水量为 923.5mm，湖面多年平均年降水量为 854.8mm，折合水量 0.332 亿 m³；湖面多年平均年水面蒸发量为 1623mm，流域多年平均水资源量为 0.439 亿 m³。2014 年蓄水量为 3096 万 m³，最大蓄水量为 6011 万 m³，最小蓄水量为 2915 万 m³。异龙湖流域是人口稠密、经济发达的湖滨盆地，也是石屏县的政治、文化、经济中心，水资源开发利用程度较高。异龙湖流域人均水资源量为 250.4m³。区域内以农业为主，现有耕地面积 11 万余亩，工业主要为制糖、食品加工等，年用水量约 3000 万 m³，城镇生活用水量较少，约 500 万 m³。随着经济社会持续快速发展、城市进程加快和人民生活水平提高，水资源供需矛盾日益突出。为满足城市发展需要，全面改善异龙湖水环境质量，实施了异龙湖补水工程。异龙湖补水工程是一项水资源综合利用工程，根据异龙湖补水工程施工进度安排，从 2014 年 5 月起已为异龙湖补水 3096 万 m³。

目前，异龙湖流域内已建成了黄草坝水库、高冲水库 2 座中型水库（中型水库阿白冲水库正在建设中），6 座小（1）型水库，50 座小（2）型水库，694 座塘坝；引水工程 3 座。异龙湖流域主要水利工程概况见表 2.5。

表 2.5　　　　　　　　　　　异龙湖流域主要水利工程概况

项　目			数量/座	径流面积/km²	总库容/万 m³	兴利库容/万 m³	死库容/万 m³	设计供水能力	
								工业供水/万 m³	城镇供水/万 m³
蓄水工程	中型水库	高冲水库		2.85	1051	96	62	89.4	379.04
		黄草坝水库		6.10	1385.1	1209.1	98		
		阿白冲水库							
	小（1）型水库		6		1136				
	小（2）型水库		50		1257				
	塘坝		694		1009				

2.3.9　阳宗海流域

阳宗海流域内建有高尔夫球场、度假村、购物中心、旅游商品销售点等一批旅游设施，大力培育旅游、休闲产业。湖滨出口处建有 $2 \times 200MW$ 的阳宗海火电厂，2006 年改扩建为 1000MW 的大型电厂。流域内没有大、中型蓄水工程，主要为小（1）型和小（2）型水库，共 13 座，总库容 930.2 万 m³，其中阳宗镇 4 座水库兴利库容 372.7 万 m³，调洪库容 48.3 万 m³，死库容 37.8 万 m³。阳宗海流域主要水利工程概况统计见表 2.6。

表 2.6　　　　　　　　阳宗海流域主要水利工程概况统计表

水库名称	流域面积/km²	总库容/万 m³	兴利库容/万 m³	年供水量/万 m³	有效灌溉面积/10³ hm²
石寨河水库	9.00	132.3			
马庄河水库	6.95	100.5			
七星河水库	16.00	288.0			
宝山龙水库	2.53	28.3			
三叉箐水库	8.00	25.0			
合　计	42.48	574.1			

2.4　各水功能区 2015 年达标情况

根据 2015 年九湖监测成果，按《地表水资源质量评价技术规程》（SL 395—2007）对各水功能区达标情况进行评价。根据水功能区水质达标评价要求，在评价水期或年度的各测次中，达标频次不小于 80% 的水功能区为年度达标水功能区。

按照《云南省水功能区划》（2014 年修订），九湖共有 14 个水功能区，评价结果（表 2.7）表明，除泸沽湖保护区达标外，其余水功能区 2015 年均不达标，水功能区总体达标率仅为 7.1%。

表 2.7　　　　2015 年九大高原湖泊水功能区达标评价结果

湖泊	水功能区名称	代表断面	水功能区水质目标	现状水质	评价水期	达标率/%	是否达标	主要超标项目
滇池	滇池昆明草海工业、景观用水区	断桥、外草海中心	IV	劣V	汛期	0	否	总氮、总磷、五日生化需氧量、氨氮
				劣V	非汛期	0	否	总氮、五日生化需氧量、总磷
				劣V	全年	0	否	总氮、五日生化需氧量、总磷、氨氮
	滇池北部西部农业、景观用水区	海埂、白鱼口、中滩	IV	IV	汛期	50	否	总氮、五日生化需氧量
				劣V	非汛期	16.7	否	总氮、化学需氧量
				劣V	全年	33.3	否	总氮
	滇池东北部饮用、农业用水区	五水厂	IV	V	汛期	16.7	否	五日生化需氧量、总氮
				劣V	非汛期	33.3	否	总氮、五日生化需氧量、总磷
				V	全年	25	否	五日生化需氧量、总氮、总磷
	滇池东部农业、渔业用水区	海晏	IV	IV	汛期	50	否	总氮
				IV	非汛期	16.7	否	总氮、总磷
				IV	全年	33.3	否	总氮
	滇池南部工业、农业用水区	昆阳	IV	IV	汛期	83.3	是	
				劣V	非汛期	33.3	否	总氮、总磷
				劣V	全年	58.3	否	总氮
阳宗海	阳宗海昆明饮用、景观用水区	汤池、阳宗海湖心	II	IV	汛期	0	否	总磷、总氮、化学需氧量、砷、五日生化需氧量
				IV	非汛期	0	否	总氮、总磷、化学需氧量、砷
				IV	全年	0	否	总氮、总磷、化学需氧量、砷
洱海	苍山洱海自然保护区	海东、团山、崇益、桃园、海印、才村	II	III	汛期	16.7	否	总磷、总氮
				II	非汛期	16.7	否	总氮
				II	全年	16.7	否	总氮、总磷

续表

湖泊	水功能区名称	代表断面	水功能区水质目标	现状水质	评价水期	达标率/%	是否达标	主要超标项目
抚仙湖	抚仙湖保护区	海口、新河口、禄充、隔河、孤山湖心	I	I	汛期	33.3	否	总氮
				I	非汛期	66.7	否	
				I	全年	50	否	总氮
星云湖	星云湖江川渔业、景观用水区	星云湖湖心、海门桥	IV	劣V	汛期	0	否	总磷、高锰酸盐指数、总氮、五日生化需氧量、化学需氧量、pH、溶解氧
				劣V	非汛期	0	否	总磷、高锰酸盐指数、总氮、五日生化需氧量、化学需氧量、pH、溶解氧
				劣V	全年	0	否	总磷、高锰酸盐指数、总氮、五日生化需氧量、化学需氧量、pH、溶解氧
	星云湖江川过渡区	界鱼石	II	劣V	汛期	0	否	总磷、高锰酸盐指数、总氮、五日生化需氧量、pH、溶解氧、化学需氧量、氨氮、挥发性酚
				劣V	非汛期	0	否	总磷、总氮、高锰酸盐指数、五日生化需氧量、溶解氧、氨氮、挥发性酚
				劣V	全年	0	否	总磷、总氮、高锰酸盐指数、五日生化需氧量、溶解氧、氨氮、挥发性酚、pH、化学需氧量
杞麓湖	杞麓湖通海农业景观、渔业用水区	湖管站、杞麓湖湖心、泄洪闸	IV	劣V	汛期	0	否	总磷、总氮、高锰酸盐指数、五日生化需氧量、溶解氧、氨氮、化学需氧量
				劣V	非汛期	0	否	总磷、总氮、高锰酸盐指数、五日生化需氧量、溶解氧、氨氮、化学需氧量

续表

湖泊	水功能区名称	代表断面	水功能区水质目标	现状水质	评价水期	达标率/%	是否达标	主要超标项目
杞麓湖	杞麓湖通海农业、景观、渔业用水区	湖管站、杞麓湖湖心、泄洪闸	Ⅳ	劣Ⅴ	全年	0	否	总磷、总氮、高锰酸盐指数、五日生化需氧量、溶解氧、氨氮、化学需氧量
异龙湖	异龙湖石屏农业、景观、渔业用水区	异龙湖坝心、湖西北、异龙湖湖心	Ⅳ	劣Ⅴ	汛期	0	否	化学需氧量、高锰酸盐指数、总氮、五日生化需氧量、总磷、氨氮
				劣Ⅴ	非汛期	0	否	化学需氧量、高锰酸盐指数、总氮、五日生化需氧量、总磷、氨氮
				劣Ⅴ	全年	0	否	化学需氧量、高锰酸盐指数、总氮、五日生化需氧量、总磷、氨氮
程海	程海永胜渔业、工业用水区	河口街、程海湖心、东岩村、半海子	Ⅲ	劣Ⅴ	汛期	0	否	氟化物、pH、总氮
				劣Ⅴ	非汛期	0	否	氟化物、pH、总磷
				劣Ⅴ	全年	0	否	氟化物、pH
泸沽湖（云南部分）	泸沽湖保护区	泸沽湖湖心、李格、落水	Ⅰ	Ⅰ	汛期	100	是	
				Ⅰ	非汛期	100	是	
				Ⅰ	全年	100	是	

2.4.1　滇池水功能区

滇池所在水功能区为长江流域，划分为滇池昆明草海工业、景观用水区，滇池北部西部农业、景观用水区，滇池东北部饮用、农业用水区，滇池东部农业、渔业用水区，滇池南部工业、农业用水区共5个二级水功能区，水质目标均为Ⅳ类。滇池昆明草海工业、景观用水区代表断面为断桥和外草海中心，2015年汛期、非汛期及全年水质均为劣Ⅴ类，各水期达标率均为0；滇池北部西部农业、景观用水区代表断面为海埂、白鱼口和中滩，2015年汛期水质为Ⅳ类、非汛期及全年水质为劣Ⅴ类，汛期、非汛期及全年达标率分别为50.0%、16.7%、33.3%；滇池东北部饮用、农业用水区代表断面为五水厂，2015年汛期及全年水质为Ⅴ类、非汛期水质为劣Ⅴ类，汛期、非汛期及全年达标率分别为16.7%、33.3%、25.0%；滇池东部农业、渔业用水区代表断面为海晏，汛期、非汛期及全年水质均为Ⅳ类，汛期、非汛期及全年达标率分别为50.0%、16.7%、33.3%；滇池南部工业、农业用水区代表断面为昆阳，汛期水质为Ⅳ

类、非汛期水质为劣V类、全年水质为V类，汛期、非汛期及全年达标率分别为83.3%、33.3%、58.3%，其中汛期水质达到水功能区水质目标要求。

2.4.2 洱海水功能区

洱海所在水功能区为澜沧江流域，划分为苍山洱海自然保护区，代表断面为海东、团山、崇益、桃园、海印和才村，水质目标为Ⅱ类，2015年汛期水质为Ⅲ类、非汛期及全年水质为Ⅱ类，各水期达标率均为16.7%，未达到水功能区水质目标要求。

2.4.3 抚仙湖水功能区

抚仙湖所在水功能区为珠江流域，划分为抚仙湖保护区，代表断面为海口、新河口、禄充、隔河和孤山湖心，水质目标为Ⅰ类，2015年汛期、非汛期及全年水质类别均为Ⅰ类，汛期、非汛期及全年达标率分别为33.3%、66.7%、50.0%，均未达到水功能区水质目标要求。

2.4.4 程海水功能区

程海所在水功能区为长江流域，划分为程海永胜渔业、工业用水区，代表断面为河口街、程海湖心、东岩村和半海子，水质目标为Ⅲ类，2015年汛期、非汛期及全年水质均为劣V类，各水期达标率均为0，未达到水功能区水质目标要求。

2.4.5 泸沽湖水功能区

泸沽湖所在水功能区为长江流域，划分为泸沽湖保护区，代表断面为泸沽湖湖心、李格和落水，水质目标为Ⅰ类。2015年汛期、非汛期及全年水质均为Ⅰ类，各水期达标率均为100%，达到水功能区水质目标要求。

2.4.6 杞麓湖水功能区

杞麓湖所在水功能区为珠江流域，划分为杞麓湖通海农业、景观、渔业用水区，代表断面为湖管站、杞麓湖湖心和泄洪闸，水质目标为Ⅳ类，2015年汛期、非汛期及全年水质均为劣V类，各水期达标率均为0，未达到水功能区水质目标要求。

2.4.7 星云湖水功能区

星云湖所在水功能区为珠江流域，划分为星云湖江川渔业、景观用水区和星云湖江川过渡区。星云湖江川渔业、景观用水区代表断面为星云湖湖心和海门桥，水质目标为Ⅳ类；星云湖江川过渡区代表断面为界鱼石，水质目标为Ⅱ类。2015 年两水功能区汛期、非汛期及全年水质均为劣Ⅴ类，各水期达标率均为 0，未达到水功能区水质目标要求。

2.4.8 异龙湖水功能区

异龙湖所在水功能区为珠江流域，划分为异龙湖石屏农业、景观、渔业用水区，代表断面为异龙湖坝心、湖西北和异龙湖湖心，水质目标为Ⅳ类，2015 年汛期、非汛期及全年水质均为劣Ⅴ类，各水期达标率均为 0，未达到水功能区水质目标要求。

2.4.9 阳宗海水功能区

阳宗海所在水功能区为珠江流域，划分为阳宗海昆明饮用、景观用水区，代表断面为阳宗海湖心和汤池，水质目标为Ⅱ类，2015 年汛期、非汛期及全年水质均为Ⅳ类，各水期达标率均为 0，未达到水功能区水质目标要求。

2.5 2015 年九湖水质特征

云南九湖中，2015 年水质为Ⅰ～Ⅱ类的有 3 个，Ⅳ类的有 1 个，其余 5 个湖泊水质均劣于Ⅴ类；营养状态为中营养的有 5 个，中度富营养的有 4 个。按水面面积评价，水质为Ⅰ～Ⅲ类的湖泊水面面积占评价总面积的 48.5%，Ⅳ类的湖泊水面面积占 26.2%，劣Ⅴ类的湖泊水面面积占 25.3%。全年水功能区水质达标率较低，仅为 7.1%。除程海因区域自然条件导致 pH、氟化物超标外，滇池、杞麓湖、异龙湖、星云湖等水质较差的湖泊主要超标项目有总磷、总氮、高锰酸盐指数等。

滇池草海 2015 年各水期水质为劣Ⅴ类，水质污染严重；外海东部和西部水质好于其他部分，其水质为Ⅳ类，属轻度污染，南部水质为Ⅴ类，属中度污染，北部、东北部水质为劣Ⅴ类，属严重污染，且全年大部分时段都为中度富营养。滇池 5 个水功能二级区水质目标均为Ⅳ类，草海全年各水期均未达到水功能区水质目标要求，达标率为 0；外海各水功能区达标率为 16.7%～83.3%，其中滇池南部工业、农业用水区汛期水质达到水功能区水质目标要求，其余水功能区未达标。

洱海 2015 年各水期水质为Ⅱ～Ⅲ类，中营养，各水期达标率均为 16.7%，未达标。

抚仙湖2015年各水期水质为Ⅰ类，中营养，各水期达标率为33.3%～66.7%，均未达标。

程海2015年各水期水质为劣Ⅴ类，中营养，各水期达标率为0，均未达标。

泸沽湖2015年各水期水质为Ⅰ类，中营养，各水期达标率为100%，总体水质优异。

杞麓湖2015年各水期水质为劣Ⅴ类，水质较差，中度富营养，各水期达标率为0，均未达标。

异龙湖2015年各水期水质为劣Ⅴ类，水质较差，中度富营养，各水期达标率为0，均未达标。

星云湖2015年各水期水质为劣Ⅴ类，水质较差，中度富营养，各水期达标率为0，均未达标。

阳宗海2015年各水期水质均为Ⅳ类，中营养，各水期达标率为0，均未达标。

根据以上特征，遥感反演的主要水质指标确定为叶绿素a、总氮、透明度和藻类总细胞密度。

云南省高原湖泊水位-水量遥感
监测技术研发

云南省高原湖泊水位-水量遥感监测技术研发的关键在于湖泊边界混合像元分解与重构技术，通过该技术可提高时间分辨率较高的影像的空间分辨率。由于采用多源遥感数据获取湖泊水位，故如何融合不同遥感影像获取的湖泊水位也是本书研究的另一个关键技术。本书分别对这两个关键技术进行了重点研究，并取得了一定成果。

3.1 湖泊边界混合像元分解与重构技术

混合像元的存在，是制约湖泊边界提取精度的重要因素之一。处理混合像元问题最为常用且较为有效的一种方法就是对其进行分解和重构，得到亚像元级别上的地物分类图，从而提高分类结果的空间分辨率和精度。

混合像元分解重构技术主要包括两大内容：混合像元分解和亚像元制图。混合像元分解是通过一定的方法求得地物端元在该像元中的丰度（即百分比），而亚像元制图则是要根据丰度定位地物端元在混合像元中的空间分布。混合像元分解重构技术通过挖掘混合像元中隐含的丰富光谱信息以及地物在相邻混合像元之间的空间相关关系，来提高遥感影像的地物分辨力（Atkinson，2005）。

3.1.1 混合像元分解算法

混合像元分解可以通过遥感影像软分类的方法实现。软分类和硬分类是遥感影像分类方法的两大类别。传统的监督分类和非监督分类都属于硬分类，硬分类是将每一个像元归属于某一种具体的地物类别。使用硬分类方法对混合像元进行分类时，必然将导致大量有用信息的丢失。针对这种情况，遥感学界开始研究软分类方法，它解算出混合像元中每一地类对应的百分比含量，得到与地类数量相等的丰度图像。

国内外学者通过研究遥感成像机理，模拟各光谱波段的混合过程，先后提出了很多不同的混合像元分解模型。Ichoku 和 Karnieli（1996）将这些模型归为 5 类：线性模型、概率模型、模糊分析模型、几何光学模型和随机几何模型。

线性光谱混合模型假设混合像元的光谱是其中各地类端元光谱成分的线性组合，即混合像元对于波长为 λ 的入射光，其反射率 $I(\lambda)$ 等于混合像元中所有 n 个端元各自所占的比例 f_i 与该端元的反射率 $R_i(\lambda)$ 的乘积之和，如式（3.1）所示：

$$I(\lambda) = \sum_{i=1}^{n} f_i R_i(\lambda) \tag{3.1}$$

由于线性光谱混合模型原理简单且计算方便，已被广泛应用于各类地物混合像元的分解之中，取得了不错的效果。该模型可以用于分解一般地类，也可用于分解水陆混合像元。而且，由于水体较为特殊的光谱特性，将其应用于分解水陆混合像元时，还可以进行适当的演变和简化。Sheng 等（2001）基于线性光谱混合模型的原理，结合直方图方法，提出了一种基于 AVHRR 数据定量计算混合像元中水体丰度的方法，并取得了一定成果。Li 等（2013）基于线性光谱混合模型，提出了动态邻近像元搜索算法（Dynamic Nearest Neighbour Searching，DNNS），基于 MODIS 的 SWIR 波段估算混合像元的水体丰度。直方图方法简单直接，但是很容易受不同地物类型反射率波动的影响。动态邻近像元搜索算法尝试使用移动窗口的方式来降低这种影响，但是，该方法需要一个预先定义好的决策树来确定不同水体类型的反射率，而这种决策树的建立常常是比较困难的，而且建立决策树所需要的规则有时也过于主观（Sun 等，2011）。

本书结合直方图方法和动态邻近像元搜索算法，吸取两者的优点，发展了基于移动窗口的改进的直方图方法，来估算混合像元中的水体丰度，以期通过较为简单的方式得到较为可靠的估算结果。

一般来说，遥感像元中可能包含有不同的地物类别，如植被、裸地、建筑和水体等，这些不同的地类各自具有不同的反射光谱特性。如图 1.1 所示，近红外（NIR）和短波红外（SWIR）波段，水体具有明显较低的反射率，远低于其他各类地物。同时，我们也注意到，水体的浑浊度（即水中所含的物质浓度）也会一定程度上影响水体的反射率，一般来说，浑浊水体在可见光和近红外区间的反射率比一般水体要更高，但在短波红外区间则偏低。

基于线性光谱混合模型，Sheng 等（2001）把估算水体丰度的公式归纳为式（3.2）：

$$f = \frac{R_{\text{Land}} - R_{\text{Mix}}}{R_{\text{Land}} - R_{\text{Water}}} \tag{3.2}$$

式中：R_{Mix} 为包含水体和陆地的混合像元的反射率；R_{Land}、R_{Water} 分别为纯净陆地和纯净水体像元的反射率。

R_{Mix} 可以直接从反射率图像中的混合像元反射率值获取，因此，估算混合像元中水体丰度的关键在于确定 R_{Land} 和 R_{Water}。对于一幅 NIR 或 SWIR 图像来说，当水体和陆地面积都足够大的时候，该图像的直方图会呈现双峰型（见图 3.1），两个峰分别对应纯净水体和纯净陆地像元。其中，整幅图像的最小反射率（R_{min}）和最大反射率（R_{max}）可以直接从直方图读取得到。双峰中，第一个波峰结束的地方（波峰上限值 R_{p1}），可以看作是纯净水体的反射率上限；第二个波峰开始的地方（波峰下限值 R_{p2}），可以看作是纯净陆地的反射率下限。水陆混合像元就是那些反射率介于 R_{p1} 和 R_{p2} 之间的像元。这 4 个反射率阈值（R_{min}、R_{max}、R_{p1}、R_{p2}）将用来估算 R_{Land} 和 R_{Water} 的值。

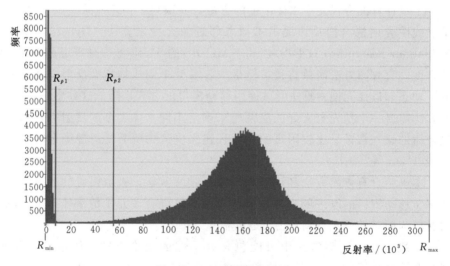

图 3.1　SWIR 图像直方图

R_{Water} 一般受水中悬浮物质含量的影响而有所波动。R_{Land} 则是由于实际中纯净陆地的类别多样，故这些不同的地物类别反射率也千差万别。因此，R_{Land} 和 R_{Water} 都不会是一个确定的和固定的值，这也是使用线性光谱混合模型分解水陆混合像元最为关键的一个难点。本书利用 4 个反射率阈值分别确定 R_{Land} 和 R_{Water} 的反射率可行域 $[R_{p2}, R_{\text{max}}]$ 和 $[R_{\text{min}}, R_{p1}]$，通过这两个可行域把水体和陆地的反射率波动考虑进来。

受 Li 等（2013）动态邻近像元搜索算法的启发，本书使用一个移动窗口来从候选反射率像元中选取最合适的值作为 R_{Land} 或者 R_{Water} 的值。移动窗口可以采用 3×3 或者 5×5，或其他合适的大小。移动窗口中所有像元的最小反射率值作为 R_{Water} 的候选值，如果这个值在可行域 $[R_{\min}, R_{p1}]$ 之内，则将其作为该移动窗口的 R_{Water} 值，用以计算该移动窗口中心的水体丰度，如果这个值不在可行域之内，则使用 R_{p1} 作为 R_{Water} 的值。同样，考虑到纯净陆地的反射率波动，移动窗口中所有落在可行域 $[R_{p2}, R_{\max}]$ 之内的像元值都会被找出来，其中最小值将作为 R_{Land} 值，用以计算该移动窗口中心选用的水体丰度，如果没有像元值落在该可行域之内，则使用 R_{p2} 作为 R_{Land} 的值。

移动窗口方法保证了对于混合像元中水体丰度的估算是基于邻近水体和地物的反射率，这样可以尽量降低纯净水体和纯净陆地反射率波动所造成的影响。不过，这种方法仍然有其缺点，主要表现在从直方图中确定 R_{p1} 和 R_{p2} 的值还存在一定的主观性。

3.1.2　混合像元重构算法——亚像元制图

通过混合像元分解得到的水体丰度图中只有每个混合像元中水体占像元面积的百分比，而并未确定该部分水体在混合像元中的具体位置，因而还无法得到一个更为准确的水体分布图。而要得到这样一个更为准确的水体分布图，还需要在水体丰度已经被估算出来的条件下，对水体亚像元进行空间定位，也就是对水体分布进行重构，得到亚像元尺度上的水体分布图，这个过程又称为亚像元制图。

亚像元制图的概念最早由 Atkinson 等（1997）于 1997 年提出，此后，先后发展了一系列相关的算法，包括 Hopfield 神经网络（Tatem 等，2001；Tatem 等，2002）、遗传算法（Mertens 等，2003）、像元引力模型（Mertens 等，2006；Ling 等，2010；Ling 等，2013）和像元交换算法（Atkinson，2005；Thornton 等，2006；Thornton 等，2007；Shen 等，2009；Su 等，2012）等。尽管这些算法实现的方式各不相同，但它们的基本原理都很相似，都是基于地物信息的空间相关性，即相近相似原则（Tatem 等，2001；Atkinson，2005）。因此，本书选择使用算法最为简单但却比较实用，应用最为广泛的像元交换（pixel swapping，PS）算法来进行亚像元制图。

PS 算法最初由 Atkinson（2005）提出，目的是为了快速高效地实现亚像元制图，其基本思想是通过亚像元位置的互换以达到同一地类的引力最大化。该算法最初是针对两个地物类别的情景开发的，不过后来也发展出来针对多个地物类别的亚像元制图的像元交换算法（Thornton 等，2006；Makido 等，

2007)。由于本书的目的是研究地表水体（湖泊）的亚像元制图，这是一个典型的两类地物（水体和陆地）问题，故而在本书中，只介绍针对两个地物类别情景下的像元交换算法。

PS 算法的输入数据是在每个像元中包含有目标地物类别百分比（丰度）的图像，即包含混合像元的丰度图像。对于该图像的每一个像元，都根据一个预定义的尺度因子（scale factor，S）生成一定数量的亚像元。尺度因子是初始像元与亚像元之间尺度的比值，例如，当 $S=5$ 的时候，每一个初始像元会被分成 $5 \times 5 = 25$ 个亚像元。PS 算法的第一步是初始化，根据初始混合像元的目标地物的丰度值，随机分配亚像元。然后，基于亚像元的相互位置关系计算所有亚像元位置的引力。对于任意一个亚像元 i，它的引力 A_i 由它的 J 个邻近亚像元决定，计算公式为

$$A_i = \sum_{j=1}^{J} \lambda_{ij} C_j \qquad (3.3)$$

式中：C_j 为第 j 个像元的二进制类别 [1 为目标地类（水体），0 为其他地类（陆地）]；λ_{ij} 为基于距离的权重。

由距离衰减模型计算可得 λ_{ij}，计算公式为

$$\lambda_{ij} = \exp(\frac{-h_{i,j}}{\alpha}) \qquad (3.4)$$

式中：α 为距离衰减模型的指数系数；$h_{i,j}$ 为亚像元 i 和亚像元 j 之间的欧氏距离。

这里引入向量 h：

$$h = \begin{bmatrix} h_x \\ h_y \end{bmatrix} = \begin{bmatrix} x_j - x_i \\ y_j - y_i \end{bmatrix} \qquad (3.5)$$

于是有 $h_{i,j}$ 等于向量 h 的模 [式（3.6）]。由于欧氏距离是没有方向性的，即各向同性，这意味着 PS 算法使用的是各向同性的距离衰减模型。

$$h_{i,j} = \| h \| = \sqrt{h_x^2 + h_y^2} \qquad (3.6)$$

邻近总像元数 J 由搜索领域的搜索半径 r 决定，如图 3.2 所示，其中黑色像元为目标像元，对于不同的搜索半径 r（单位为像元数），其邻近的像元为图中所示灰色像元。可以看到，邻近总像元数 J 的计算公式为

$$J = (2r+1)^2 - 1 \qquad (3.7)$$

通过以上方法计算得到的亚像元的引力代表了该亚像元位置受其邻近像元中目标地类像元的吸引力大小，引力越大，表示该位置被越多的目标地类像元所包围，该位置的亚像元是目标地类的可能性越大。

在计算得到所有亚像元位置的引力之后，分别在每一个初始混合像元范围内，对其所包含的亚像元的引力进行排序。最后，如果类别 1（即目标地

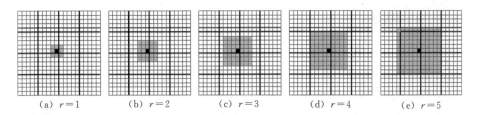

(a) $r=1$ (b) $r=2$ (c) $r=3$ (d) $r=4$ (e) $r=5$

图 3.2 搜索半径与邻近像元示意图

类）的引力最小的亚像元的引力小于类别 0 的引力最大的亚像元的引力，则将这两个亚像元所属的地物类别进行交换。否者，不做变动。如果有像元的交换，相应的引力也需要重新计算。这个交换的过程需要循环执行，直到达到了设定的最大循环次数，或者算法收敛于某一个结果。

可以看到，在该算法中，搜索半径 r、距离衰减模型的指数系数 α 都是能够影响亚像元制图结果的重要参数。因此，有必要测试一系列不同的参数值以找到最优的参数值。需要注意的是，尺度因子 S 和输入数据对于参数值的选择有决定性的作用。

搜索半径 r 控制了单个亚像元的影响范围。为了提高算法的计算速度，它的初始值一般被设为 1（像元）。不过，过小的 r 通常会导致局部过早收敛（"早熟"）。而且，一般认为 r 应该比 S 小，这样才能够保证一个亚像元不会被某些并不相邻的初始像元内的亚像元所吸引（Atkinson，2005）。

距离衰减模型的指数系数 α 用以平衡不同距离的亚像元对吸引力的影响的大小。根据式（3.4），越大的 α 使得距离衰减得越慢。如果 α 太小，那些直接相邻的像元所贡献的吸引力的比重就会显著高过更远的像元，这也会导致局部收敛，就像 r 过小时一样，产生许多碎斑。而如果 α 太大，在搜索半径 r 范围内的像元对目标像元的吸引力的贡献就会很接近，这样的话，水体亚像元会过度集中到附近的大区域水体，由于同时受初始像元范围的限制，外围会产生许多孤立的水体像元。合适的 α 值能够确保搜索半径 r 范围内的每一个亚像元都能够适当地为目标像元的吸引力做贡献。

在本书中，针对实际情况，分别使用表 3.1 中的数值测试了这两个参数，并最终选定 $r=10$、$\alpha=10$ 作为最佳的参数值代入算法中。

表 3.1　　　　　　　　　测 试 的 参 数 值

参　　数	测 试 值
搜索半径（r）	5、7、10、15、20
距离衰减模型的指数系数（α）	2、5、10、20、100

3.1.3 应用实例

本书使用云南九湖中的 5 个湖泊作为研究区，分别是滇池、抚仙湖、杞麓湖、星云湖和阳宗海。

本书主要使用了两类数据：Suomi NPP - VIIRS 和 Landsat OLI，见表 3.2。2014 年 2 月 2 日的 Suomi NPP - VIIRS 数据是从美国海洋与大气管理局的大数据阵列系统（NPAA/CLASS）（http：//www. class. ncdc. noaa. gov/saa/products/search？datatype_family=VIIRS）下载的。Suomi NPP 卫星上搭载的 VIIRS 传感器提供了多达 22 个可见光和红外波段，波长范围从 $0.4\mu m$ 到 $12.5\mu m$。22 个波段中，有 16 个是中等分辨率波段（Moderate Resolution band，M - band），分辨率为 750m，另外还有一个 750m 分辨率的夜间灯光波段，其余 5 个波段为 375m 的成像分辨率波段（Imagery Resolution band，I - band）。第三个成像分辨率波段（I3）是一个短波红外（SWIR）波段，波长范围从 $1.58\mu m$ 到 $1.64\mu m$，在本书中被用来基于前面所述的方法估算水体丰度。

表 3.2　　　　　　　　　　　本 书 所 使 用 的 数 据

传 感 器	影像获取日期	影像获取时刻	行 列 号	空间分辨率/m
Suomi NPP - VIIRS	2014 - 02 - 02	06：39：57	—	375
Landsat OLI	2014 - 02 - 02	03：36：02	129/43	30

获取与 Suomi NPP - VIIRS 同一天的 Landsat OLI 图像，空间分辨率为 30m，是从美国地质调查局的地表过程数据分发中心（USGS/LPDAAC）（https：//lpdaac. usgs. gov/data_access/data_pool）下载的。在本书中，Landsat 数据主要作为参考数据来验证使用 Suomi NPP - VIIRS 数据经过混合像元分解与重构之后得到的湖泊边界的准确性，这是因为 Landsat 数据的空间分辨率明显要高于 Suomi NPP - VIIRS 数据。影像获取时，两颗卫星的过境时刻仅仅相差约 3h（Suomi NPP - VIIRS 比 Landsat 早约 3h），Landsat OLI 数据的第 6 波段波长范围为 $1.56\sim1.66\mu m$，与 Suomi NPP - VIIRS 数据的 I3 波段波长非常接近。两个数据都进行了严格的辐射校正和大气校正，并精确地进行了配准。

3.1.4 结果与讨论

3.1.4.1 Suomi NPP - VIIRS 亚像元级别湖泊边界及其精度

将获取于 2014 年 2 月 2 日的 Suomi NPP - VIIRS 数据的 I3 波段 [见图 3.3（a）] 作为混合像元分解的输入数据，通过仔细的目视解译，并结合 Google Earth、Landsat 等数据进行辅助，通过 I3 波段的直方图最终确定了混合像元分解所需的所有 4 个参数，配合使用移动窗口的方法，得到了 375m 分辨率的水体丰度图［见图 3.3（b）］。

（a）原始 Suomi NPP－VIIRS I3 波段

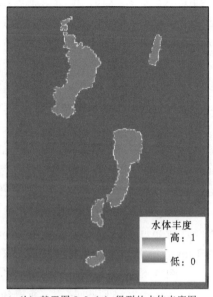

（b）基于图 3.3（a）得到的水体丰度图

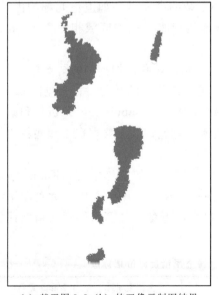

（c）基于图 3.3（b）的亚像元制图结果

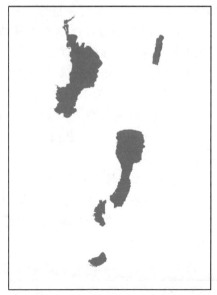

（d）基于 Landsat 的参考水体分布图

图 3.3 Suomi NPP－VIIRS 亚像元级别湖泊边界

　　将该水体丰度图作为混合像元重构的输入数据进行亚像元制图,为了与Landsat 数据的空间分辨率相匹配,确定尺度因子为 25,即通过亚像元制图得到 15(375/25=15)m 分辨率的结果。像元交换算法中的其他重要参数,包括搜索半径 r、距离衰减模型的指数系数 α 等,通过一系列的测试进行选定($r=10$、$\alpha=10$)。最终,得到了 15m 空间分辨率的湖泊边界图 [见图 3.3 (c)]。

　　作为参考的湖泊边界图从同一天的 Landsat OLI 影像得到。由于 Landsat 影像相对于 Suomi NPP‐VIIRS 影像具有高出很多的空间分辨率,因此,Landsat 影像上所有的像元都假定为纯净像元,即不考虑 Landsat 影像上的混合像元问题。对 Landsat 的 SWIR 波段(第 6 波段)进行一个简单的阈值分割(Olthof 等,2015),即可得到二值水陆分类图。阈值也需要经过仔细反复确定,必要时可结合 Google Earth 数据或其他相关资料。在该波段上,DN值(波段图像的灰度值)大于该阈值的像元被指定为陆地像元(赋值为 0),小于等于该阈值的像元被指定为水体像元(赋值为 1)。得到的二值水陆分类图经过最邻近插值方法重采样为与 Suomi NPP‐VIIRS 亚像元制图结果一致的 15m 分辨率。该重采样结果图如图 3.3 (d) 所示。

　　从图 3.3 可以看出,5 个湖泊的大体形状通过混合像元的分解与重构之后,都较好地被还原出来了。湖岸线一些较为细小的部分甚至都被还原出来了。但是,与此同时,我们也发现,还原的湖岸线不如 Landsat 影像得到的"真实"湖岸线那么光滑和自然,有一些复杂的湖岸线,如滇池北部的内湖、杞麓湖南部的湿地等,都没有很好地被重构出来,这些区域相比于 Landsat 影像看起来存在明显的错误。

　　为了定量地分析混合像元分解与重构的精度,我们把得到的结果与 Landsat 的参考图像(均为 15m 空间分辨率)进行逐像元的叠置对比(见图 3.5)。这样,我们可以很清楚地观察到其中的错分误差(commission error)和漏分误差(omission error)。从图 3.4 可以看到,这些误差主要存在于那些较为复杂的湖岸线处。

　　基于图 3.4,还可以计算一些精度评价指标,如总体精度、Kappa 系数等。为了让这些数据更为客观,我们使用一个掩膜把湖中心以及远离湖岸线的明显纯净水体和纯净陆地像元都排除出去,不参与计算,得到的精度评价指标值见表 3.3。

表 3.3　　**Suomi NPP‐VIIRS 亚像元制图结果精度评价指标值**

湖泊名称	错分误差 /%	漏分误差 /%	总体精度 /%	Kappa 系数
滇池	14.31	7.28	78.41	0.57
阳宗海	15.30	7.58	77.12	0.54

续表

湖泊名称	错分误差 /%	漏分误差 /%	总体精度 /%	Kappa 系数
抚仙湖	13.85	6.89	79.26	0.59
星云湖	16.81	6.38	76.81	0.54
杞麓湖	21.56	2.12	76.32	0.54

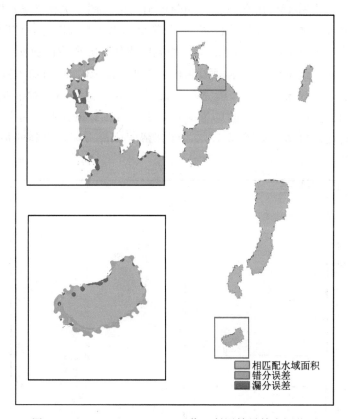

图 3.4 Suomi NPP–VIIRS 亚像元制图结果精度评价图

从表 3.3 可以看到，混合像元分解与重构的结果总体上来说还不错，但也并不是非常高。抚仙湖重构的精度相对来说更高一些，总体精度能够达到 79％以上，错分误差和漏分误差分别控制在 15％以下和 7％以下，Kappa 系数为 0.59，说明其精度尚可 （Landis 和 Koch，1977）。另外 4 个湖的重构精度则相对来说要差一些，但差距并不大，这也说明使用混合像元分解与重构的方法可以在一定程度上提高湖泊边界提取的空间分辨率，并提高其精度，但尚有提高的空间。同时，我们也注意到，对于所有湖来说，错分误差都要高于漏分误差，这意味着，在第一步混合像元分解的时候，水体的丰度就被明显高估了。另外，两类遥感影像之间的配准问题、重采样过程等，都会给精度评价结果带来影响。

3.1.4.2 模拟的 Suomi NPP‐VIIRS 图像的湖泊亚像元制图及其精度

为了消除混合像元分解过程中估算水体丰度带来的误差，同时避免 Suomi NPP‐VIIRS 影像和 Landsat 影像的配准误差，以客观地评价亚像元制图方法的精度，使用 15m 分辨率的 Landsat 湖泊边界图（见图 3.4）以 25 倍的尺度因子进行合并，得到模拟的 375m 分辨率的水体丰度图像，该图像中每个像元记录了每 25×25 个 15m Landsat 像元中水体像元所占的比例。

然后，使用这个模拟的丰度图像作为亚像元制图方法的输入数据，亚像元制图方法的参数与前一个实验完全一致（$r=10$、$\alpha=10$）。对于亚像元制图的结果，同样使用前一个实验的方法，与 Landsat 15m 水体分布图逐像元叠加，得到精度评价图（见图 3.5），并计算精度评价指标，得到的精度评价指标值见表 3.4。

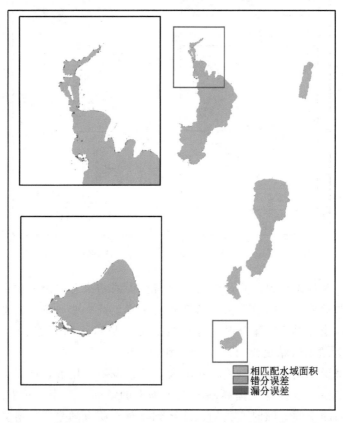

图 3.5　模拟的 Suomi NPP‐VIIRS 亚像元制图结果精度评价图

表 3.4　模拟的 Suomi NPP - VIIRS 亚像元制图结果精度评价指标值

湖　　泊	错分误差/％	漏分误差/％	总体精度/％	Kappa 系数
滇池	1.91	1.91	96.18	0.92
阳宗海	1.06	1.06	97.88	0.96
抚仙湖	1.30	1.30	97.40	0.95
星云湖	1.87	1.87	96.26	0.92
杞麓湖	2.95	2.95	94.10	0.87

从图 3.5 可以看到，模拟图像得到的亚像元制图结果能够与参考的图像近乎完美地重合。所有 5 个湖泊的湖岸线都能够很好地被重构和还原出来。甚至在一些湖岸线很复杂的区域，误差都很小。只有在一些非常细小且形状复杂的区域，如杞麓湖南部的细小支流等，重构的湖岸线才存在一些误差。通过表 3.4 同样可以清楚地看到所有 5 个湖泊还原的精度都很高，即使是还原精度最差的杞麓湖，也实现了 94% 以上的总体精度和高达 0.87 的Kappa 系数。

3.1.4.3　小结

通过分别使用真实的和模拟的 Suomi NPP - VIIRS 数据进行混合像元分解与重构生成亚像元级别湖泊水体分布图，我们发现在整个过程之中，混合像元分解的部分产生的误差和不确定性是最大的。其中的误差和不确定性主要来自于两个方面：一是在使用基于移动窗口的直方图方法时，需要手动地确定纯净水体和纯净陆地反射率的可行域，这个过程存在较大的主观性和不确定性；二是在使用移动窗口从图像中选取纯净水体和纯净陆地像元时，得到的像元一定程度上仍无法准确地反映研究区真实的地表覆盖类型，尤其是对于陆地端元的选取，不确定性太大。尽管使用移动窗口方法在一定程度上能够使得选取的像元具有一定的代表性，但其中的不确定性依然难以彻底消除。

为了定量分析对 Suomi NPP - VIIRS 数据进行混合像元分解生成水体丰度图的过程之中的不确定性，我们使用模拟的水体丰度图作为参考。这个模拟的丰度图就是前文所述基于 Landsat 水体分布图的像元合并得到的。真实产生的水体丰度图和模拟的水体丰度图逐像元叠置，得到一幅丰度差异图，如图 3.6 所示。差异大于 0 表示本书分解算法估算的水体丰度大于真实值。从图 3.6 可以看到本书估算的水体丰度总体上是高于真实值的，这也与表 3.3 中明显偏高的错分误差相互印证。

我们把真实与模拟的水体丰度差异取绝对值之后分成 4 个级别，分别是差异绝对值小于 0.1、0.1～0.25、0.25～0.5 以及大于 0.5。统计各个级别对

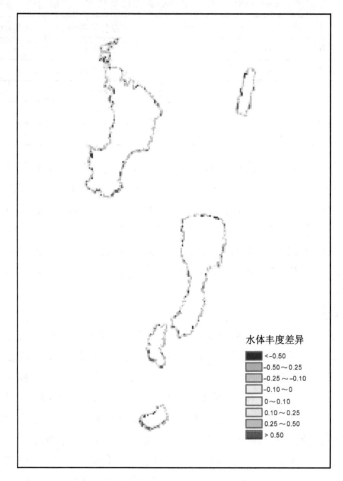

图 3.6　真实与模拟的 Suomi NPP – VIIRS 水体丰度差异图

应的像元数，列入表 3.5。可以看到，大约 65％的像元的差异绝对值在 0.25 以下，表示这些像元的丰度估算结果较为准确。只有约 11％的像元的差异绝对值在 0.5 以上，属于估算较差的类别。同时，通过计算发现，真实和模拟的水体丰度图像之间的均方根偏差为 0.08，代表着整体约 8％的丰度估算误差。

表 3.5　　　　　　　　　各丰度差异级别对应的像元数及其占比

差异绝对值范围	像元数	占总像元百分比/％
<0.10	588	35
0.10～0.25	510	30

差异绝对值范围	像元数	占总像元百分比/%
0.25~0.50	407	24
>0.50	187	11

　　另外一种经常用来判断水体丰度估算是否准确的方法是比较湖泊面积的方法（Verdin，1996）。湖泊的面积 S 可以通过式（3.8）计算：

$$S = \sum_{i=1}^{n} f_{ui} s_i \tag{3.8}$$

式中：f_{ui} 为像元 i 的水体丰度值；s_i 为像元 i 的面积；n 为组成湖泊的所有像元的数目。

　　5 个研究湖泊的面积利用式（3.8）分别从 Suomi NPP – VIIRS 的丰度图像和 Landsat 的湖泊水体图像上计算得到，并列入表 3.6。从表 3.6 可以发现，所有 5 个湖泊的面积在 Suomi NPP – VIIRS 图像上都得到了较准确的估算。其中，杞麓湖的估算误差相对来说最大，这主要是由于其相对较小的水域面积导致基数较小。

表 3.6　　　　　　　　　　　　湖泊面积估算误差

湖泊名称	Suomi NPP – VIIRS 估算面积/km²	Landsat 估算面积/km²	差异/%
滇池	302.02	294.26	2.64
阳宗海	30.94	29.47	4.99
抚仙湖	217.54	213.83	1.74
星云湖	34.54	31.86	8.41
杞麓湖	25.17	22.59	11.42

　　基于以上比较分析发现，使用 Suomi NPP – VIIRS 图像进行混合像元分解可以得到总体上相对较为准确的湖泊水域面积，但是，其估算的水体丰度也存在一定的误差，有些误差还较为明显。而且，在进行混合像元分解与重构的整个过程之中，分解时产生的误差将严重影响后面重构的结果，这主要是由于在重构时，水体亚像元的空间定位都是基于混合像元中的水体丰度来进行分配的，如果丰度本身就不准确，那么不论使用何种亚像元制图方法，都很难得到理想的亚像元制图结果。通过使用模拟的丰度图像我们也发现，当水体丰度估算较为准确的时候，亚像元制图可以比较容易地达到较高的精度。因此，今后的工作将更多地关注混合像元的分解过程，以期开发出更为准确的分解方法，从而从根本上提高混合像元分解和重构结果的精度。

3.2 多源遥感影像融合技术

随着遥感技术的发展和遥感事业的进步，越来越多的卫星搭载着各类传感器全天时全天候对地球表面进行着监测，可用于监测地表水体变化的遥感数据来源也越来越丰富，不过，总体来说，这些数据都存在时间分辨率和空间分辨率相互制约的现象（Huang 等，2014；Li 等，2015a、2015b），有时候，光谱分辨率也与这两个分辨率之间存在着制约现象。像 Landsat 这类中等偏高空间分辨率的数据，一般来说，其时间分辨率要长达 16d 甚至更多，这样就很容易错过一些较为快速的水体变动；而一些中低空间分辨率的遥感传感器，如 MODIS 和 Suomi NPP-VIIRS 等，它们每天都要覆盖整个地球一次甚至多次，但是它们获取的影像的低空间分辨率使得水体的探测精度非常有限。又如，Landsat 的多光谱波段空间分辨率为 30m，同时，它的全色波段则可以达到 15m，但全色波段的波长范围要远大于单个多光谱波段，这就是牺牲光谱分辨率实现高空间分辨率的例子。

影像融合，或称为影像复合，是一种整合多源遥感数据以挖掘更多信息的遥感技术手段（Pohl 和 Van Genderen，1998）。一般来说，融合方法可以分成两大类（Huang 等，2013）：第一类是空间-光谱融合，或者称为我们熟知的全色锐化，它把一个高空间分辨率的全色波段与低空间分辨率的多光谱波段进行融合，从而得到高空间分辨率的多光谱波段（Yuan 等，2012；Zhang 等，2012），集成了两类数据的优势；另一类是时空融合，目的是通过融合高空间分辨率和高时间分辨率的多源遥感数据以实现同时具有高空间分辨率和高时间分辨率的融合图像，因此，这是一个解决遥感数据时空分辨率相互制约的矛盾的有力手段。

Wu 等（2015）开发了一个针对地表温度的时空融合模型，融合多源遥感数据来实现高时间分辨率和高空间分辨率的地表温度监测。Gao 等（2006）提出了时空自适应反射率复合模型（Spatial and Temporal Adaptive Reflectance Fusion Model，STARFM），通过融合 Landsat 和 MODIS 影像，以合成具有 Landsat 空间分辨率的每日反射率图像。这个模型后来被 Zhu 等（2010）进行改进，命名为改进的时空自适应反射率复合模型（Enhanced Spatial and Temporal Adaptive Reflectance Fusion Model，ESTARFM）。改进的模型为了兼顾混合像元内的空间异质性而增加了输入影像的数量，从而实现在复杂的异质区域得到更好的融合结果。由于 STARFM 和 ESTARFM 两个模型比较简单，算法复杂度不高且容易实现，因而已被广泛应用到各种需要提高时空分辨率的情景之中（Chen 等，2010；Gaulton 等，2011；Liu 和 Weng，2012；Weng 等，2014；Zhang 等，2014；Chen 等，2015；Hazaymeh 和 Hassan，2015；Huang 等，2016），取得了不错的效果。

3.2.1 融合算法

3.2.1.1 时空自适应反射率复合模型（STARFM）

构建 STARFM 的目的是为了基于 MODIS 的地表反射率数据合成具有 Landsat 空间分辨率的地表反射率产品。STARFM 的基本出发点就是认为同期的 Landsat 和 MODIS 的地表反射率数据应该是彼此一致的（Masek 等，2006）。然而，事实上，由于观察时期可能发生的地表覆盖和土地利用变化，以及 Landsat 和 MODIS 数据在空间分辨率、波段宽度、太阳高度等各种参数上存在着不同，导致使用 MODIS 数据来预测 Landsat 地表反射率还需要进行仔细的纠正才能达到较好的结果（Gao 等，2006）。预测 Landsat 地表反射率的主要公式为

$$L(x_{w/2},y_{w/2},t_p) = \sum_{i=1}^{w}\sum_{j=1}^{w}\sum_{k=1}^{n}W_{ijk}[M(x_i,y_j,t_p)+L(x_i,y_j,t_k)-M(x_i,y_j,t_k)]$$

$$(3.9)$$

式中：L、M 分别为 Landsat 和 MODIS 的地表反射率图像，不过它们也可以指代任何其他类似的高空间分辨率和低空间分辨率的反射率图像；w 为用来寻找邻近相似像元的搜索窗口的大小，因此（$x_{w/2}$，$y_{w/2}$）则代表的是搜索窗口的中心像元，邻近相似像元定义为搜索窗口中那些与中心像元具有相同地表覆盖类型的像元，表示为（x_i，y_i）；t_p 为要预测的影像的日期；t_k 为输入的 Landsat 和 MODIS 影像所对应的日期；n 为总共使用的 Landsat 和 MODIS 影像的对数，一般为 1；W_{ijk} 为标准化的距离倒数权重。

W_{ijk} 计算公式为

$$W_{ijk} = [1/(S_{ijk}T_{ijk}D_{ijk})]/\sum_{i=1}^{w}\sum_{j=1}^{w}\sum_{k=1}^{n}[1/(S_{ijk}T_{ijk}D_{ijk})] \qquad (3.10)$$

其中

$$S_{ijk} = |L(x_i,y_j,t_k)-M(x_i,y_j,t_k)| \qquad (3.11)$$

$$T_{ijk} = |M(x_i,y_j,t_k)-M(x_i,y_j,t_k)| \qquad (3.12)$$

$$D_{ijk} = 1+(w/2)\sqrt{(x_{w/2}-x_i)^2+(y_{w/2}-y_j)^2} \qquad (3.13)$$

S_{ijk} 是一对 Landsat 和 MODIS 数据之间的光谱距离，也代表了 MODIS 像元一致性的高低。S_{ijk} 越小说明低分辨率的 MODIS 像元与高分辨率的 Landsat 像元具有接近的光谱特征。因此，两种像元的光谱变化信息也应该相当，于

是就可以把光谱距离的权重设置得更高一些。T_{ijk} 是两个 MODIS 数据（时刻 t_k 和 t_p）之间的差异。T_{ijk} 值越小，说明地表在观测时刻和预测时刻之间发生的变化越小，因此，观测图像更加接近预测图像，它的权重应该被设置得更高。不过，如果是在异质性区域，观测时刻和预测时刻之间的差异可能会反映一些错误信息，因为它忽略了一些 MODIS 像元无法反映的细小的变化。空间距离 D_{ijk} 表示邻近相似像元（x_i，y_i）到搜索窗口中心像元（$x_{w/2}$，$y_{w/2}$）之间的相对距离，根据地理学第一定律相近相似原则，空间上越近的相似像元将拥有越高的权重。

3.2.1.2 改进的时空自适应反射率复合模型（ESTARFM）

为了把异质性区域亚像元级别的地表覆盖变化信息考虑进来，Zhu 等（2010）提出了改进的时空自适应反射率复合模型（ESTARFM），该模型需要将接近预测时刻的另外两对观测时刻（t_1 和 t_2）的 Landsat 和 MODIS 数据作为输入数据，此外还需要输入预测时刻（t_p）的一幅 MODIS 影像（见图 3.7）。该模型假设 Landsat 图像上的像元在整个观察时期（观测时刻到预测时刻之间）内经历的是稳定的地类变化，没有突变发生。于是，基于线性光谱混合原理，在预测时刻（t_p）的反射率可以使用式（3.14）进行估算：

$$L(x,y,t_p) = L(x,y,t_0) + \sum_{i=1}^{N} W_i V_i [M(x_i,y_i,t_p) - M(x_i,y_i,t_0)] \quad (3.14)$$

其中，（x，y）是给定像元的位置，t_0 是其中某一个观测时刻（t_1 或 t_2），N 是邻近相似像元的总数。W_i 表示第 i 个邻近相似像元的权重，该权重主要由两个方面决定：一是相似像元和预测像元的光谱距离；二是相似像元与预测像元的空间距离。V_i 是第 i 个相似像元的转换系数，用来将低分辨率影像上的变化对应地转换到高空间分辨率影像上。它是通过构建两个观测时刻低分辨率和高分辨率影像上对应的相似像元的线性关系得到的。相比较于原始的 STARFM，ESTARFM 在预测的时候引入了转换系数 V_i，这是提高融合结果在异质性区域预测精度最有效的改进。不过，ESTARFM 的理论假设是观测期间地表只有稳定变化，如果发生了快速的突变，转换系数是无法反映出来的。

3.2.2 面向水体动态监测的时空融合方法

水体指数法是从遥感影像解译水体边界最快速最有效的方法之一（Chen 等，2013），目前使用最为广泛的一个水体指数是徐涵秋（2006）提出的改进的归一化水体指数（modified Normalized Difference Water Index，mNDWI）。本书将利用 mNDWI 方法，同时结合遥感影像时空融合模型，实现高时间分

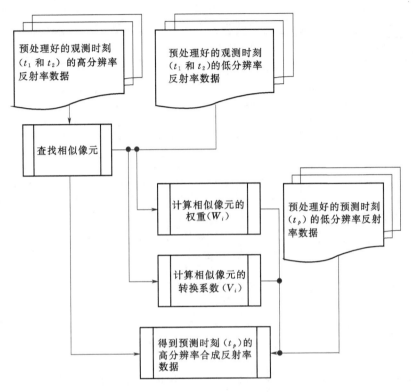

图 3.7 改进的时空自适应反射率复合模型算法框架

辨率兼高空间分辨率的地表水体动态监测。实现该目标有两种方式：一是在进行影像时空融合之前，对融合模型的输入数据（包括高空间分辨率影像和低空间分辨率影像）分别计算 mNDWI，然后利用时空融合模型融合两类 mNDWI 图像，得到融合后的 mNDWI 图像，并通过阈值分割的方式得到水体空间分布图，这种方式称为"先指数后融合"（Index – then – Blending，IB）；另一种方式是正常对高空间分辨率和低空间分辨率的多光谱数据进行时空融合，得到多光谱的融合结果之后，使用该结果相应的波段计算最终的 mNDWI，并通过阈值分割的方式得到最终的水体空间分布图，这种方式称为"先融合后指数"（Blending – then – Index，BI）。

本书将同时使用这两种融合方式来得到高空间分辨率兼高时间分辨率的水体分布图，并对两种融合方式得到的结果进行对比，从中取优。研究方法主要包括全色锐化、融合（IB 和 BI）以及精度评价 3 个部分，具体流程如图 3.8 所示。

（1）全色锐化。全色锐化一般是通过融合高空间分辨率的全色波段和低

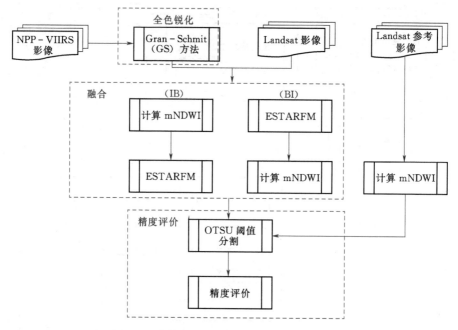

图 3.8   水体动态监测的时空融合方法流程图

空间分辨率的多光谱波段来得到高空间分辨率的多光谱波段的有效手段。在本书中，全色锐化是以最小的代价最直接地提高空间分辨率的第一步，因为绝大部分多光谱数据，包括 Landsat、MODIS 和 Suomi NPP-VIIRS，都会同时提供两种类型的数据：一种空间分辨率较高，但光谱分辨率较低（可看作全色波段）；另一种空间分辨率相对较低，但光谱分辨率较高（普通多光谱波段）。通过简单的全色锐化可以快速地将多光谱波段的空间分辨率提高，绝大部分时候可以提高 1 倍。

全色锐化的方法有很多，包括主成分分析（Principle Component Analysis，PCA）法、色相明度饱和度（Hue-Saturation-Value，HSV）方法和 Gram-Schmidt（GS）方法等。其中，GS 方法具有最高的保真度，它能够最大限度地保持影像光谱特征在锐化前后的一致性，因此使用这种方式锐化后得到的多光谱波段来计算水体指数依然较为准确，所以我们选择该方法来对输入影像进行全色锐化。

GS 方法是一个基于成分替换的全色锐化方法，已广泛应用于很多相关研究（Aiazzi 等，2006；Kneusel 和 Kneusel，2013）。该方法首先基于低空间分辨率的多光谱波段得到一个模拟的全色波段，一般通过对多光谱波段求平均的方式得到，然后，对模拟的全色波段和多光谱波段使用 GS 变换，以模拟的全色波段作为第一个波段，此后，这第一个波段使用高空间分辨率的真正的全色波段进行替换，最后，再对这些波段做一个 GS 反变换，得到锐化后的多光谱波段。

（2）融合。按照前文所述，在进行面向水体动态监测的影像时空融合时，主要有两种方式：一种是先计算水体指数再融合（IB）；另一种是先融合再计算水体指数（BI）。不论何种方式，融合的过程都包含两个部分：一是时空融合模型；二是水体指数的计算。

时空融合模型本书选择目前主流的改进的自适应时空反射率融合模型（ESTARFM），水体指数采用改进的归一化水体指数（mNDWI）。ESTAR-FM 的具体算法见 3.2.1 节。mNDWI 代表的是绿（Green）波段和短波红外（SWIR）波段的归一化差异，其计算公式为

$$mNDWI = \frac{Green - SWIR}{Green + SWIR} \qquad (3.15)$$

根据水体的光谱特性，水体的 mNDWI 值一般大于 0，且明显大于其他地物，可以通过选取合适的阈值对 mNDWI 图像进行分割从而得到水体分布图。

（3）精度评价。由于缺少实测数据，本书使用与融合方法所预测时刻一致的真实的 Landsat OLI 影像作为参考数据对融合结果进行精度评价。对于参考的 Landsat 影像，同样应用 mNDWI 来提取水体分布，以及作为对融合结果的 mNDWI 图像精度评价的参考数据。

要评价水体监测的精度，需要对 mNDWI 图像，不论是融合结果的 mNDWI 图像还是参考的 mNDWI 图像，进行阈值分割。因此，一个恰当的阈值至关重要。本书采用目前广泛接受的动态阈值优化方法——大津（OTSU）算法（Otsu，1979），来为所有的 mNDWI 图像选取最优的分割阈值。OTSU 算法假设影像包含两类像元，它们呈现双峰的直方图分布，其选取最优阈值的核心就是找到一个可以最大化两类之间差异的临界值。

基于 OTSU 算法得到的分割阈值，可以利用 mNDWI 图像得到水体分布图，将两种融合方式得到的水体分布图分别与真实 Landsat 影像得到的水体分布图进行对比，构建混淆矩阵，计算总体精度、错分误差和漏分误差、Kappa 系数等指标，作为精度评价的重要依据。

3.2.3　应用实例

本书选取云南九湖中的滇池、抚仙湖、杞麓湖、星云湖、阳宗海以及异龙湖作为试验研究区，其中滇池、抚仙湖、杞麓湖、星云湖、阳宗海这 5 个湖泊由于空间距离较为接近，能够被同一景影像覆盖，因此把它们看作是一

个研究区，命名为五大湖，异龙湖单独作为另一个研究区。

本书所用到的数据包括 Suomi NPP‐VIIRS 和 Landsat OLI 两类。由于 ESTARFM 算法需要两对基准时刻的高低分辨率影像以及一幅预测时刻的高分辨率影像，故每个研究区至少需要使用 3 个时相的遥感影像。这里，考虑数据的可获取性以及成像质量、云量等因素，两个研究区均选取了 2014 年 4 月 23 日和 2015 年 2 月 21 日作为基准时刻，2015 年 11 月 20 日作为预测时刻，即基于 2014 年 4 月 23 日、2015 年 2 月 21 日的 Suomi NPP‐VIIRS 数据和 Landsat OLI 数据以及 2015 年 11 月 20 日的 Suomi NPP‐VIIRS 数据进行融合，以得到 2015 年 11 月 20 日 30m 分辨率的融合结果。其中，2015 年 11 月 20 日的 Landsat 影像作为参考数据，对融合的结果进行精度验证。具体采用的影像日期及行列号见表 3.7。所选用的影像都具有较高的成像质量，几乎没有云层覆盖。所有影像都经过了严格的大气校正和精确的配准。由于是基于 mNDWI 进行水体的提取，故涉及的影像波段实际上只有绿波段和短波红外波段，这里分别是 Suomi NPP‐VIIRS 的 M4（$0.545 \sim 0.565 \mu m$）和 I3（$1.580 \sim 1.640 \mu m$），以及 Landsat OLI 的 B3（$0.525 \sim 0.600 \mu m$）和 B6（$1.560 \sim 1.660 \mu m$）。

表 3.7　　　　　　　　　　本 书 所 使 用 的 数 据

研究区	传感器	影像获取日期	行列号	空间分辨率/m
五大湖	Suomi NPP‐VIIRS	2014‐04‐23 2015‐02‐21 2015‐11‐20	—	750、375
	Landsat OLI	2014‐04‐23 2015‐02‐21 2015‐11‐20	129/43	30
异龙湖	Suomi NPP‐VIIRS	2014‐04‐23 2015‐02‐21 2015‐11‐20	—	750、375
	Landsat OLI	2014‐04‐23 2015‐02‐21 2015‐11‐20	129/44	30

3.2.4　结果与讨论

3.2.4.1　融合结果

对于 IB 方法，首先要对 5 幅输入影像（包括 3 幅锐化之后的 Suomi NPP‐

VIIRS 影像和 2 幅 Landsat 影像）基于式（3.15）分别计算 mNDWI，然后将这些 mNDWI 图像作为 ESTARFM 的输入数据，融合得到预测时刻（2015 年 11 月 20 日）的 30m 分辨率的 mNDWI 图像［见图 3.9（a）、图 3.10（a）］。对于 BI 方法，锐化后的 Suomi NPP – VIIRS 图像首先与 Landsat 影像按波段分别融合，得到融合后的 30m 分辨率的 Green 波段和 SWIR 波段，再基于式（3.15）计算 mNDWI［见图 3.9（c）、图 3.10（c）］。对预测日期真实获取的 Ladnsat 影像也计算 mNDWI［见图 3.9（e）、图 3.10（e）］，并将其作为参考图像。

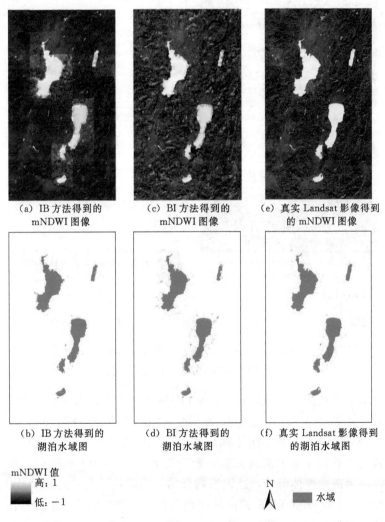

图 3.9 五大湖研究区 IB 方法、BI 方法、真实 Landsat 影像
得到的 mNDWI 图像和湖泊水域图

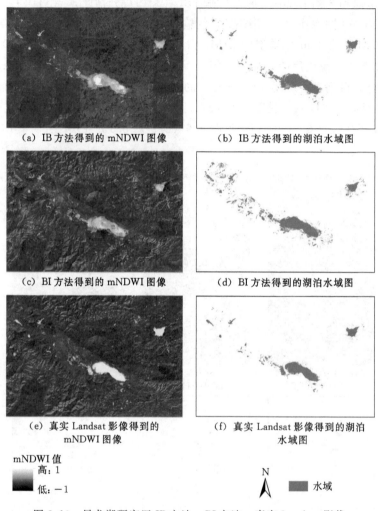

（a）IB 方法得到的 mNDWI 图像 　　　（b）IB 方法得到的湖泊水域图

（c）BI 方法得到的 mNDWI 图像 　　　（d）BI 方法得到的湖泊水域图

（e）真实 Landsat 影像得到的　　　　（f）真实 Landsat 影像得到的湖泊
　　　mNDWI 图像　　　　　　　　　　　　水域图

mNDWI 值
高：1
低：-1

N

水域

图 3.10　异龙湖研究区 IB 方法、BI 方法、真实 Landsat 影像
得到的 mNDWI 图像和湖泊水域图

通过图 3.9 和图 3.10 中的 mNDWI 图像可以看到，两种融合方式都能够
得到具有与真实 Landsat 影像计算得到的 mNDWI 图像一样空间分辨率的结
果。两个研究区内 mNDWI 随不同地物波动的细节都可以被反映出来，不过
从目视效果来看，在五大湖研究区，融合得到的 mNDWI 相较于真实的指数
要偏小，因为图像整体偏暗，这说明融合的结果低估了真实的 mNDWI。在异
龙湖研究区，3 幅 mNDWI 图像的整体色调接近，说明融合结果在整体上与真
实情况较为接近。不过，我们也注意到，IB 方法得到的融合图像［见图 3.10
（a）］缺失了一些地形的纹理细节。

对于以上 3 幅 mNDWI 图像，我们使用 OTSU 算法来选取阈值以提取湖泊水域。在实现 OTSU 算法时，我们设定了 0.01 的步长，分别查看了阈值从 −0.40 到 0.40 范围内不同的分割阈值所得到的水体和非水体的类间差异（见图 3.11、图 3.12）。可以看出，在 3 个图像上，水体和非水体的 mNDWI 值的差异是不同的。对于两个研究区，真实 Landsat 影像得到的 mNDWI 图像上，水体和非水体的差异是最大的，说明这个图像上水体和非水体最容易区分。两种融合方法得到的 mNDWI 图像上，水体和非水体的差异都要相对小一些。经过迭代选优，最终，五大湖研究区选取了 0.27、0.22 和 0.17（图3.12 的菱形点）作为分割真实 mNDWI 图像、IB 方法得到的 mNDWI 图像以及 BI 方法得到的 mNDWI 图像的阈值，分割得到的湖泊水域图显示在图 3.10

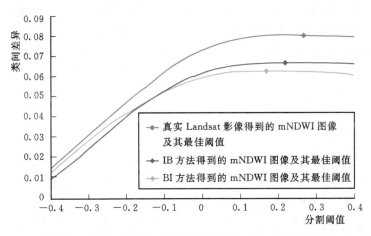

图 3.11　五大湖研究区采用不同分割阈值得到的类间差异以及最终确定的最优阈值

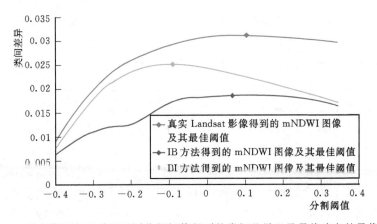

图 3.12　异龙湖研究区采用不同分割阈值得到的类间差异以及最终确定的最优阈值

中；异龙湖研究区选取了 0.14、0.10 和－0.07（图 3.13 的菱形点）作为分割真实 mNDWI 图像、IB 方法得到的 mNDWI 图像以及 BI 方法得到的 mND-WI 图像的阈值，分割得到的湖泊水域图显示在图 3.11 中。其中，为了去除一些不相关的区域可能造成对水域范围探测的影响，我们对两个研究区分别设定了一个掩膜，用以排除那些远离湖泊的区域，认为这些区域没有水体存在，因此不论其 mNDWI 值是否大于阈值，皆判定为非水体区域。

对比观察图 3.9 和图 3.10 中的湖泊水域图可以发现，在两个研究区，两种融合方式都可以较好地还原湖泊的水域范围，一些较为琐碎的边界以及一些细小的水体甚至都可以被还原出来。不过，我们也可以看到，通过融合方式得到的湖泊水域边界相对于真实的边界仍然存在一定的差异，尤其是 BI 方法得到的水域范围，相对于真实的水域明显存在一些误判，主要表现为存在较多的错分误差，把本来非水域的地方分类为水域。IB 方法相对来说得到的结果看起来稍好一些。两种融合方法得到的结果之间之所以会产生这种差异主要是由于 IB 方法只经过了一次融合，因此只在融合的过程中产生了一次误差，而 BI 方法则需要分别融合两个波段，即进行两次融合，因此产生的误差可能会加倍。

3.2.4.2 对比与分析

本书主要从两个方面来对融合结果的精度进行评价：一是直接把融合得到的 mNDWI 图像与真实 Landsat 影像得到的 mNDWI 图像进行对比；二是通过阈值分割，对比融合结果得到的水域图和真实水域图。

两种融合方式得到的 mNDWI 图像分别与真实 Landsat 影像得到的 mND-WI 图像进行逐像元的叠置分析，可以得到 mNDWI 差异图（见图 3.13）。其中，图 3.13（a）、（b）是五大湖研究区 IB 方法和 BI 方法得到的 mNDWI 图像与真实 mNDWI 图像之间的差异；图 3.13（c）、（d）是异龙湖研究区 IB 方法和 BI 方法得到的 mNDWI 图像与真实 mNDWI 图像之间的差异。颜色越深表示差异越大，蓝色调表示负向差异，即融合结果的值比真实值小，橙色调表示正向差异，即融合结果的值比真实值大。可以看到，总体来说，IB 方法得到的结果相较于真实值差异更小，不论在哪个研究区几乎没有很多深色调的差异，而 BI 方法得到的结果则存在较多的深色调差异，另外还存在一些由于融合算法分块处理所造成的斑块状差异。

此外，我们对融合结果的 mNDWI 图像与真实 mNDWI 图像之间进行对比统计，计算它们之间的均方根偏差（$RMSD$）。结果显示，五大湖研究区 IB 方法与真实 mNDWI 的 $RMSD$ 为 0.066，BI 方法与真实 mNDWI 的 $RMSD$ 为 0.086；异龙湖研究区 IB 方法与真实 mNDWI 的 $RMSD$ 为 0.048，BI 方法

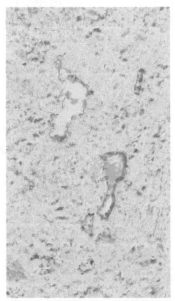

（a）五大湖研究区 IB 方法得到的结果　　　（b）五大湖研究区 BI 方法得到的结果
　　与真实 mNDWI 之间的差异　　　　　　　　与真实 mNDWI 之间的差异

（c）异龙湖研究区 IB 方法得到的结果　　　（d）异龙湖研究区 BI 方法得到的结果
　　与真实 mNDWI 之间的差异　　　　　　　　与真实 mNDWI 之间的差异

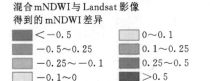

图 3.13　mNDWI 差异图

与真实 mNDWI 的 *RMSD* 为 0.074。结果表明，不论何种融合方式，在两个研究区融合得到的结果误差都在 10% 以内，其中异龙湖研究区融合得到的结果精度相对要好于五大湖研究区，IB 方法整体上要好于 BI 方法。

　　将融合得到的湖泊水域图分别与真实 Landsat 影像得到的水域分布图进行逐像元叠置分析，以评估其精度，得到精度评价图（见图 3.14）。融合结果得到的水体像元如果在 Landsat 水域分布图上对应为水体像元，则认为该像元是正确识别的水域，标记为蓝色；融合结果得到的水体像元如果在 Landsat 水域分布图上对应为非水体像元，则认为该像元是错分像元，标记为红色；融合结果得到的非水体像元如果在 Landsat 水域分布图上对应为水体像元，则认为该像元是漏分像元，标记为绿色。从图 3.14 可以看出，整体上，五大湖研究区得到的结果相对好于异龙湖区，错分误差和漏分误差看起来相对较少。对于五大湖研究区和异龙湖研究区，IB 方法都要优于 BI 方法。BI 方法得到的结果相对于 Landsat 的真实水体分布，存在不少的错分和漏分，其中红色的错分像元尤为显眼。

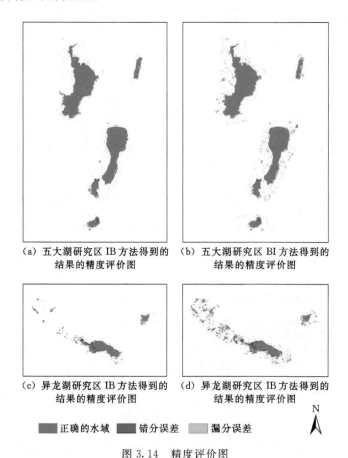

（a）五大湖研究区 IB 方法得到的
结果的精度评价图

（b）五大湖研究区 BI 方法得到的
结果的精度评价图

（c）异龙湖研究区 IB 方法得到的
结果的精度评价图

（d）异龙湖研究区 IB 方法得到的
结果的精度评价图

■ 正确的水域　■ 错分误差　□ 漏分误差

图 3.14　精度评价图

对图 3.14 中的各类像元进行统计，并计算总体精度、错分误差、漏分误差和 Kappa 系数等一系列精度指标，计算的结果列入表 3.8。通过表 3.8 中的精度指标数值可以更加直观地看到不同方法在不同研究区的表现。不同研究区采用不同的方法，总体精度和 Kappa 系数都达到了较高的水平，说明通过融合的方式可以得到较为准确的水域范围，利用时空融合的方式实现兼具高时间分辨率和高空间分辨率的水域范围监测是可行的。不过，我们也发现，不管是在哪个研究区，IB 方法得到的结果的总体精度和 Kappa 系数都要普遍高于 BI 方法得到的结果，BI 方法的问题在于它产生了较多的错分像元。

表 3.8　　　　　　　　　　精 度 评 价 指 标 值

研究区	融合方法	错分误差/%	漏分误差/%	总体精度/%	Kappa 系数
五大湖	IB	0.81	0.78	98.41	0.91
	BI	1.62	1.54	96.84	0.89
异龙湖	IB	3.94	1.06	95.00	0.88
	BI	8.58	0.98	90.44	0.82

3.2.4.3　小结

对湖泊水域进行动态监测常常要求高的空间分辨率以实现高精度的监测和高的时间分辨率以实现高强度的监测，但是，目前绝大多数遥感影像都存在时空分辨率相互制约的矛盾，很少有兼具高时间分辨率和高空间分辨率的遥感影像可用。本书尝试融合高时间分辨率的 Suomi NPP - VIIRS 数据和高空间分辨率的 Landsat 数据以实现对湖泊水域高时空分辨率的动态监测。我们使用了目前较为流行的时空融合模型 ESTARFM 和水体指数 mNDWI，分别对比了两种融合方式，即先融合后计算指数（BI）和先计算指数后融合（IB），发现，两种方式均可以得到具有一定精度的高分辨率湖泊水域监测结果，说明 ESTARFM 这种时空融合的模型，不仅仅可以用来融合原始的多光谱波段，还可以用来融合指数图像。而且，使用这种融合指数的方式，比先融合波段再计算指数得到的结果在精度上还更高一些，考虑到融合指数的方式只需要进行一次融合，而融合波段的方式需要进行多次融合（本书中需要先后融合绿波段和短波红外波段，共两次融合），前者在计算量上也大大缩小。因此，建议在需要实现类似目的时，可先尝试计算相应的指数，然后使用融合模型直接对指数图像进行融合，既可以减少计算量、节省计算时间，还可以提高精度，避免因多次融合引入过多的误差。

4

云南省高原湖泊水质遥感
分析技术研发

　　九湖在云南省经济、生活方面具有重要作用，随着社会经济的发展、人类活动的增强，九湖的水质受到严重影响，因此，九湖的水质监测日益受到重视。传统的水质监测方法主要是对水体采样后进行实验分析，这种方法具有很高的精度，但工作量大、耗时长、费用高、采样站点十分有限。遥感具有覆盖面广、信息丰富、同步显示地物特征等特点，有利于研究湖泊水质的连续监测。本书采用 MODIS 影像和 HJ‐1B 影像为数据源，对云南九湖进行水质反演，以实现对其的动态监测。

4.1　数据与方法

4.1.1　实测数据

　　本书采用云南省水文水资源局提供的 2010—2014 年九湖水质实测数据（叶绿素 a、总磷、总氮、水体透明度、藻类总细胞密度等参数），在九湖共设有 34 个水质监测点位。水质地面监测的时间为 1 个月一次，部分湖泊监测数据为 2 个月一次，其中部分九湖水质监测数据有缺损。本书对实测数据进行了质量控制，采用的方法为计算同一时段（月份）水质数据均值和标准偏差，将偏离平均值±3 倍标准偏差的作为异常点去除。

4.1.2　遥感数据

4.1.2.1　MODIS 遥感数据

　　本书采用 2010 年 1 月 1 日至 2014 年 12 月 31 日的 MOD09A1 数据产品（http：//ladsweb. nascom. nasa. gov/data），该产品为 8d 合成数据，通过最大值法最大限度地去除了云的影响。该数据为 Level‐3 数据产品，共有 7 个波段，并经过了辐射校正、大气校正以及几何校正，其具体参数见表 4.1。

表 4.1   **MOD09A1 数据产品简介**

数据产品	波段数	产品等级	波段范围/nm	空间分辨率/m	采用影像数/景
MOD09A1	7	Level-3	band1：620～670	250	464
			band2：841～876		
			band3：459～479	500	
			band4：545～565		
			band5：1230～1250		
			band6：1628～1652		
			band7：2105～2155		

4.1.2.2   HJ-1B 遥感数据

本书采用 2010 年 1 月 1 日至 2014 年 12 月 31 日的 HJ-1B 数据产品，该数据为 4d 合成数据。该数据为 Level-2 数据产品，共有 4 个波段，并经过了系统几何纠正，其具体参数见表 4.2。

表 4.2   **HJ-1B 数据产品简介**

数据产品	波段数	产品等级	波段范围/nm	空间分辨率/m	采用影像数/景
HJ-1B	4	Level-2	band1：0.43～0.52	30	856
			Band2：0.52～0.60		
			Band3：0.63～0.69		
			Band4：0.76～0.90		

4.1.2.3   模型构建

目前应用最广泛的水质遥感方法是通过建立遥感波段数据与地面水质实测值之间的统计关系，该方法的关键在于选择合适的波段或波段组合建立回归方程来提高水体的水质反演精度。本书基于各湖的水质地面观测数据，以及前人在其他湖泊开展实验所获取的波段及波段组合，利用"一湖一策，分季节"的策略分别对不同时间段（月份）建立组合，开展大量的波段组合实验，构建和优选模型。

本书分别采用线性关系、二次多项式以及三次多项式进行模型构建，通过对比分析模型结果，发现多数湖泊采用线性关系和二次多项式构建的反演模型精度较差，因此，本书最终采用三次多项式进行模型构建。

$$\overline{y} = ax^3 + bx^2 + cx + d \tag{4.1}$$

式中：$\overline{y}$ 为观测平均值；a、b、c 为常数；d 为截距；x 为自变量。

4.1.2.4 精度评估

本书采用相关系数（R）、均方根误差（$RMSE$）和纳什系数（NSE）等指标进行水质反演精度的检验。当 R 越接近 1 时，模拟效果越好，当 R 等于 1 时，模拟的效果最好。R^2 是描述趋势线拟合程度的指标，反映趋势线的估计值与对应的实际数据之间的拟合程度，拟合程度越高，趋势线的可靠性就越高。当 R^2 越接近 1 时，拟合程度越好。

$$R = \frac{\sum_{i=1}^{n}(Q_{obs,i} - \overline{Q}_{obs})(Q_{mod,i} - \overline{Q}_{mod})}{\sqrt{\sum_{i=1}^{n}(Q_{obs,i} - \overline{Q}_{obs})^2 \sum_{i=1}^{n}(Q_{mod,i} - \overline{Q}_{mod})^2}} \tag{4.2}$$

$RMSE$ 是指估计值和观测值偏差的平方与观测次数 n 比值的平方根，能很好地反映出模拟的准确程度，其计算公式为

$$RMSE = \sqrt{\frac{\sum_{i=1}^{n}(Q_{obs,i} - Q_{mod,i})^2}{n}} \tag{4.3}$$

NSE 是衡量模型有效性的指标。当 NSE 越接近 1 时，模拟效果越好。

$$NSE = 1 - \frac{\sum_{i=1}^{n}(Q_{obs,i} - Q_{mod,i})^2}{\sum_{i=1}^{n}(Q_{obs,i} - \overline{Q}_{obs})^2} \tag{4.4}$$

以上式中：$Q_{obs,i}$ 为观测值；$Q_{mod,i}$ 为模拟值；$\overline{Q}_{obs}$ 为观测值的平均值；$\overline{Q}_{mod}$ 为模拟值的平均值；n 为总数据量。

4.1.2.5 分析流程

云南九湖水质反演主要包括数据处理和数据统计两部分，具体流程如图 4.1 所示。

在数据处理阶段，以 ENVI IDL 为工具，将 MOD09A1 影像的正弦曲线投影转换为 UTM 47°N 投影。以 ENVI 为工具，对 HJ - 1B 影像进行 FLAASH 大气校正，并选取控制点对影像进行几何校正。利用九湖的湖区矢量化文件对影像进行裁切，采用的矢量文件通过对空间分辨率为 1.5m 的 2013—2014 年 SPOT6/7 遥感影像目视解译获得。

数据统计的关键在于波段和波段组合的选择。在本书中，结合水质光谱曲线进行了大量的波段和波段组合实验，计算每个组合的相关性，选择最佳波段及波段组合，建立反演模型。

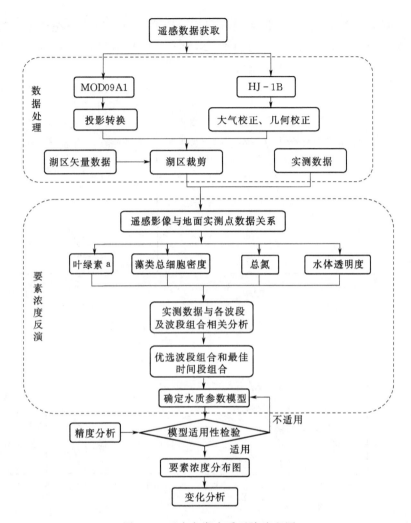

图 4.1　云南九湖水质反演流程图

4.2　基于 MODIS 影像的水质参数提取

利用 2010—2012 年九湖的水质观测资料，分别采用不同波段和时间段组合进行九湖水质参数反演。

4.2.1　叶绿素 a

4.2.1.1　实验结果

本书共建立了 153 组叶绿素 a 浓度反演模型，并利用 R^2、$RMSE$、NSE 系数综合选择出适合九湖的 33 个最佳组合模型，因九湖的自然环境不同，所以优选模型中选择的最佳波段和时间段组合存在差别。滇池、杞麓湖、洱海、泸沽湖、阳宗海和程海不同时段的叶绿素 a 浓度反演散点图如图 4.2 所示，各湖泊各时段叶绿素 a 浓度反演模型见表 4.3。

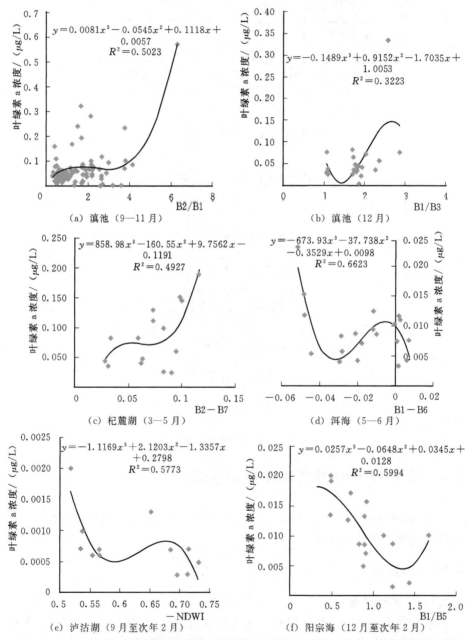

图 4.2（一）　滇池、杞麓湖、洱海、泸沽湖、阳宗海、程海叶绿素 a 浓度反演散点图

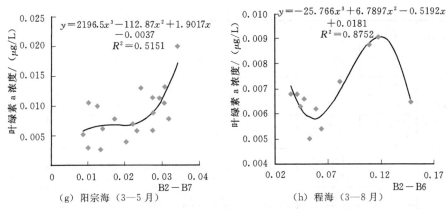

图 4.2（二）　滇池、杞麓湖、洱海、泸沽湖、阳宗海、程海叶绿素 a 浓度反演散点图

从各湖泊叶绿素 a 浓度反演模型的 R^2 来看，不同湖泊的最佳反演模型的 R^2 差别较大，R^2 为 0.25～0.88，其中滇池在 9—11 月的反演效果较好，洱海在 5—6 月的反演效果较好。而阳宗海、抚仙湖等湖泊的总体反演效果较好，R^2 为 0.5 左右（见表 4.3）。

表 4.3　　　　　　　　各湖泊各时段叶绿素 a 浓度反演模型

湖泊	月份	X 代表的波段	公　式	R^2
滇池	1—2	B2—B6	$y=-10569x^3+162.49x^2+2.8007x+0.0101$	0.35
	3—5	B5—B6	$y=-13.782x^3+9.2441x^2+0.3378x+0.0448$	0.63
	6—8	B7	$y=-0.3308x+0.1266$	0.31
	9—11	B2/B1	$y=0.0081x^3-0.0545x^2+0.1118x+0.0057$	0.50
	12	B1/B3	$y=-0.1489x^3+0.9152x^2-1.7035x+1.0053$	0.32
洱海	1—2	B1+B5	$y=-203.14x^3+33.738x^2-1.3667x+0.0202$	0.42
	3—4	B1—B7	$y=504.23x^3+0.4781x^2-0.1067x+0.0054$	0.25
	5—6	B1—B6	$y=-673.93x^3-37.738x^2-0.3529x+0.0098$	0.66
	7—8	B2/B1	$y=-0.004x^3+0.0198x^2-0.0211x+0.0148$	0.39
	9—10	B2—B6	$y=-48.097x^3+10.951x^2-0.1577x+0.0111$	0.27
	11—12	B4/B6	$y=0.0021x^3-0.014x^2+0.0267x-0.0059$	0.27
抚仙湖	3—5	B2/B5	$y=0.0026x-0.0002$	0.81
	6—8	B6—B7	$y=-25.139x^3+4.0303x^2-0.1153x+0.0023$	0.34
	9—11	B4—B2	$y=0.5873x-0.0052$	0.70
	12 月至次年 2 月	B1/B5	$y=-0.0013x+0.0019$	0.60

续表

湖泊	月份	X 代表的波段	公 式	R^2
杞麓湖	3—5	B2−B7	$y=858.98x^3-160.55x^2+9.7562x-0.1191$	0.49
	6—8	B1 * B2	$y=857.8x^3-104.61x^2+3.473x+0.0442$	0.50
	9—11	B1+B2−B4	$y=4.921x^3-3.5412x^2+0.4211x+0.0906$	0.35
	12 月至次年 2 月	B3+B6	$y=-289.26x^3+130.21x^2-16.667x+0.6635$	0.48
阳宗海	3—5	B2−B7	$y=2196.5x^3-112.87x^2+1.9017x-0.0037$	0.52
	6—8	B4−B3	$y=-33.024x^3+11.448x^2-0.3551x+0.008$	0.43
	9—11	B4−B7	$y=13.531x^3-3.7856x^2+0.2312x+0.0045$	0.55
	12 月至次年 2 月	B1/B5	$y=0.0257x^3-0.0648x^2+0.0345x+0.0128$	0.60
程海	3—8	B2−B6	$y=-25.766x^3+6.7897x^2-0.5192x+0.0181$	0.88
	9 月至次年 2 月	B6−B3	$y=-60.354x^3+20.519x^2-2.1127x+0.0729$	0.35
泸沽湖	3—8	B7	$y=-0.6339x^3+0.3028x^2-0.043x+0.0023$	0.38
	9 月至次年 2 月	− NDWI	$y=-1.1169x^3+2.1203x^2-1.3357x+0.2798$	0.58
星云湖	3—5	B2−B7	$y=-924.82x^3+167.38x^2-8.2132x+0.1529$	0.32
	6—8	B3	$y=-41.603x^3+15.249x^2-0.7647x+0.0565$	0.51
	9—11	B4−B1	$y=97705x^3-2693.3x^2+16.484x+0.0548$	0.45
	12 月至次年 2 月	B4−B3	$y=539.36x^2-17.157x+0.1461$	0.45
异龙湖	3—8	B1+B3−B6	$y=0.143x^2+0.1078x+0.0121$	0.43
	9 月至次年 2 月	NDVI	$y=-2.6277x^3+2.5423x^2-0.698x+0.0629$	0.43

4.2.1.2 模型验证

本书在反演模型的基础上，采用 2013—2014 年的叶绿素 a 浓度模型值和实测值对模型进行验证，见表 4.4。

表 4.4 　　各湖泊叶绿素 a 浓度反演模型验证 （2013—2014 年）

湖泊	月份	N	R^2	RMSE	$\overline{Q}_{obs}$	$\overline{Q}_{mod}$	NSE
滇池	1—2	20	0.316	0.279	0.0513	0.0449	0.364
	3—5	30	0.558	0.035	0.0554	0.0534	0.556
	6—8	30	0.309	0.087	0.0684	0.0817	0.073
	9—11	25	0.512	0.078	0.0891	0.0675	0.422
	12	5	0.235	0.091	0.0520	0.0504	0.034

续表

湖泊	月份	N	R^2	$RMSE$	$\overline{Q}_{obs}$	$\overline{Q}_{mod}$	NSE
洱海	1—2	8	0.360	0.003	0.0063	0.00603	0.212
	3—4	8	0.243	0.005	0.0065	0.00570	0.311
	5—6	8	0.613	0.003	0.0438	0.00643	0.56
	7—8	8	0.388	0.0036	0.0068	0.0080	0.132
	9—10	8	0.261	0.003	0.0142	0.0140	0.158
	11—12	7	0.257	0.002	0.0066	0.0080	−0.009
抚仙湖	3—5	6	0.855	0.002	0.0038	0.0034	0.860
	6—8	6	0.369	0.0010	0.0015	0.0012	0.287
	9—11	6	0.633	0.003	0.0047	0.00414	0.787
	12月至次年2月	5	0.813	0.0010	0.0020	0.00210	0.757
杞麓湖	3—5	6	0.413	0.0333	0.0910	0.08048	0.269
	6—8	6	0.507	0.0472	0.0931	0.09716	0.590
	9—11	5	0.328	0.0366	0.0293	0.0389	0.251
	12月至次年2月	5	0.799	0.0455	0.0680	0.0478	0.811
阳宗海	3—5	9	0.544	0.003	0.0107	0.0097	0.583
	6—8	10	0.432	0.002	0.0066	0.0075	0.549
	9—11	9	0.703	0.002	0.0073	0.0073	0.681
	12月至次年2月	9	0.583	0.004	0.0109	0.0128	0.496
程海	3—8	6	0.732	0.0019	0.0075	0.0077	0.545
	9月至次年2月	5	0.344	0.0044	0.0103	0.00817	0.104
泸沽湖	3—8	6	0.332	0.00024	0.0007	0.0007	0.329
	9月至次年2月	5	0.766	0.00027	0.0011	0.0009	0.578
星云湖	3—5	6	0.312	0.0406	0.0652	0.0652	0.213
	6—8	6	0.495	0.0268	0.0636	0.0627	0.568
	9—11	5	0.462	0.0249	0.0286	0.0433	0.211
	12月至次年2月	5	0.475	0.099	0.1234	0.1159	0.707
异龙湖	3—8	6	0.429	0.0164	0.0219	0.0120	0.265
	9月至次年2月	6	0.406	0.0062	0.0140	0.0115	0.269

注 N 为样点总数；$\overline{Q}_{obs}$ 为观测值的平均值；$\overline{Q}_{mod}$ 为模型值的平均值。

　　各湖泊叶绿素 a 浓度反演模型总体反演效果较好，可以实现对叶绿素 a 浓度的模拟。其中，阳宗海、抚仙湖的 R^2 和 NSE 较高，$RMSE$ 较小，反演效果最好。杞麓湖、泸沽湖、星云湖、异龙湖和程海的 R^2、$RMSE$、NSE 适中，基本满足模型反演要求。滇池和洱海的总体反演效果较差，但滇池 3—5 月和 9—11 月、洱海 5—6 月的反演效果较好（见表 4.4）。

4.2.1.3　模型应用

将各湖泊优选的叶绿素 a 浓度反演模型应用到 2010—2014 年，共得出 2070 幅叶绿素 a 浓度反演结果图，其中每个湖泊的叶绿素 a 浓度反演结果图为 230 幅。以滇池（2014 年 9 月）和阳宗海（2013 年 5 月）为例，其叶绿素 a 浓度反演结果分别如图 4.3 和图 4.4 所示。

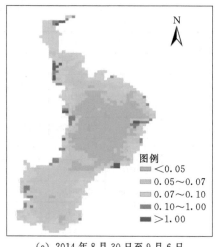

(a) 2014 年 8 月 30 日至 9 月 6 日

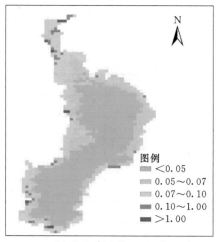

(b) 2014 年 9 月 7—14 日

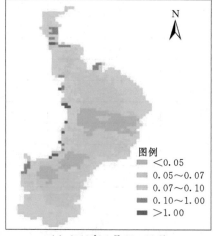

(c) 2014 年 9 月 15—22 日

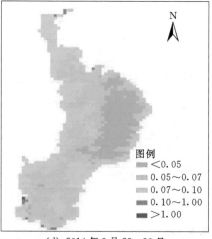

(d) 2014 年 9 月 23—30 日

图 4.3　滇池叶绿素 a 浓度反演结果图（单位：μg/L）

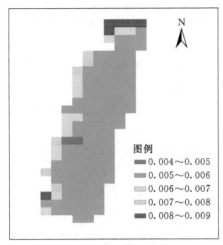

（a）2013 年 5 月 1—8 日

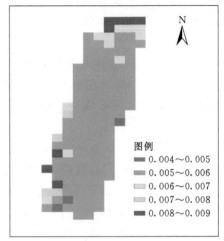

（b）2013 年 5 月 9—16 日

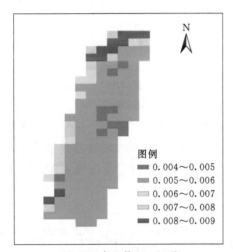

（c）2013 年 5 月 17—24 日

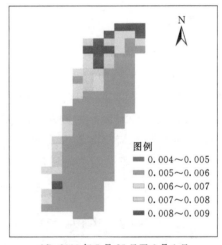

（d）2013 年 5 月 25 日至 6 月 1 日

图 4.4　阳宗海叶绿素 a 浓度反演结果图（单位：$\mu g/L$）

图 4.3 表明，即使在同一湖泊相近时间段内，叶绿素 a 浓度的分布也存在很大变化。滇池叶绿素 a 浓度总体呈现周围高、中部低的分布规律。滇池北部和东南部叶绿素 a 浓度较高，中部和南部叶绿素 a 浓度变化幅度较大，海埂、白鱼口和五水厂 3 个站点的叶绿素 a 浓度最高，这与云南省水文水资源局实测站点的数值一致。该分布规律与云南省水文水资源局水质监测人员对滇池叶绿素 a 浓度同期的感性认识基本一致。而且，监测人员认为该分布规律对他们进一步优化观测站网具有很好的辅助作用。

从图 4.4 可以看出，阳宗海北部叶绿素 a 浓度总体偏高，中部叶绿素 a 浓度偏低且变化幅度较小，这与云南省水文水资源局观测人员的直观感受。

从 2010—2014 年各湖泊叶绿素 a 浓度反演的结果可知，在空间变化上，滇池、洱海、程海、杞麓湖、星云湖、异龙湖和阳宗海叶绿素 a 浓度呈现周围高、中部低的分布规律；抚仙湖和泸沽湖呈现周围低、中部高的分布规律。

采用反演模型分别得出 2010—2014 年的各湖泊叶绿素 a 浓度分布图，并对其进行对比分析，通过计算各湖泊的年叶绿素 a 浓度平均值可以得出：在 2010—2014 年，滇池、洱海、星云湖和异龙湖叶绿素 a 浓度波动幅度较大，但无明显趋势；抚仙湖、程海、杞麓湖和泸沽湖基本稳定，波动幅度较小；阳宗海呈减小趋势，在 2010—2012 年减小幅度较小，在 2013—2014 年减小幅度较大。

4.2.2　总氮

4.2.2.1　实验结果

本书共建立了 163 组总氮反演模型，并利用 R^2、$RMSE$、NSE 系数综合选择出适合九湖的 34 个最佳组合模型，因九湖的自然环境不同，所以优选模型中选择的最佳波段和时间段组合存在差别。滇池、抚仙湖、阳宗海和异龙湖不同时段的总氮反演散点图如图 4.5 所示，各湖泊各时段总氮反演模型见表 4.6。其中，泸沽湖总氮实测数值不连续，有效数值过少，没有对其进行反演。

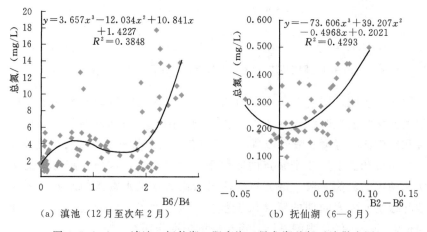

（a）滇池（12 月至次年 2 月）　　　　（b）抚仙湖（6—8 月）

图 4.5（一）　滇池、抚仙湖、阳宗海、异龙湖总氮反演散点图

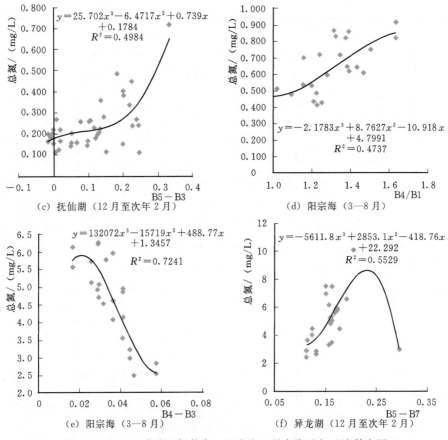

图 4.5（二）　滇池、抚仙湖、阳宗海、异龙湖总氮反演散点图

　　从各湖泊总氮反演模型的 R^2 来看，不同湖泊的最佳反演模型的 R^2 差别较大，R^2 为 0.2656～0.7241，其中异龙湖在 6—8 月和 12 月至次年 2 月的反演效果较好。抚仙湖、阳宗海、程海等湖泊的总体反演效果较好，R^2 为 0.4 左右（见表 4.5）。

表 4.5　　　　　　　　　　　各湖泊各时段总氮反演模型

湖泊	月份	X 代表的波段	公　　式	R^2
滇池	3—5	B2/B4	$y = 0.7386x^3 - 1.4027x^2 + 1.9336x + 1.7694$	0.3109
	6—8	B1—B2	$y = 1353.0x^3 + 477.25x^2 + 8.3013x + 1.9505$	0.2656
	9—11	B2/B1	$y = 0.2926x^3 - 2.6577x^2 + 7.4644x - 2.1866$	0.2659
	12 月至次年 2 月	B6/B4	$y = 3.657x^3 - 12.034x^2 + 10.841x + 1.4227$	0.3848

湖泊	月份	X 代表的波段	公 式	R^2
洱海	1—2	B1−B2+B6	$y=1252.6x^3-18.622x^2+0.0383x+0.5124$	0.3835
	3—4	B1	$y=1197.4x^3-193.36x^2+7.9832x+0.5047$	0.3225
	5—6	B3/B6	$y=0.3124x^3-0.6491x^2+0.498x+0.3455$	0.4062
	7—8	B5/B7	$y=9E-05x^3+0.0017x^2+0.0043x+0.5521$	0.3257
	9—10	B4−B3	$y=-19583x^3+690.09x^2+9.6715x+0.3024$	0.3726
	11—12	B7/B5	$y=1.1811x^3-0.8766x^2+0.2559x+0.4961$	0.3439
抚仙湖	3—5	B1−B2	$y=54.476x^3+6.151x^2-0.7646x+0.1410$	0.3133
	6—8	B2−B6	$y=-73.606x^3+39.207x^2-0.4968x+0.2021$	0.4293
	9—11	B1/B2	$y=0.00005x^3-0.0004x^2+0.0028x+0.2255$	0.3276
	12月至次年2月	B5−B3	$y=25.702x^3-6.4717x^2+0.730x+0.1781$	0.4904
杞麓湖	3—5	B6−B7	$y=306829x^3-22480x^2+537.66x-0.3737$	0.2779
	6—8	B2−B5	$y=16993x^3-1137.4x^2+50.234x+5.0805$	0.3438
	9—11	B6−B3	$y=12147x^3-1571.7x^2+24.085x+5.6343$	0.3276
	12月至次年2月	B2−B5	$y=59167x^3+4361.7x^2-35.804x+3.3316$	0.3538
阳宗海	3—5	B4/B1	$y=-2.1783x^3+8.7627x^2-10.918x+4.7991$	0.4737
	6—8	B1+B2−B5	$y=-4.0602x^3+2.4424x^2-1.1154x+0.7271$	0.2795
	9—11	B7	$y=377.48x^3-111.1x^2+8.4118x+0.5744$	0.5260
	12月至次年2月	B1−B7	$y=-86135x^3+5663.3x^2-95.846x+1.1465$	0.5703
程海	3—5	B4−B3	$y=1276.4x^2-83.203x+2.0290$	0.3524
	6—8	B2−B5	$y=-411.37x^3+80.893x^2+1.0639x+0.7941$	0.4466
	9—11	B2	$y=-158.6x^3+68.298x^2-9.9657x+1.3268$	0.4595
	12月至次年2月	B4+B6	$y=276.98x^3-182.09x^2+36.752x-1.5003$	0.3549
星云湖	3—5	B4−B3	$y=55951x^3-7687.1x^2+343.84x-3.1485$	0.3312
	6—8	B6−B7	$y=-17533x^3+3929.4x^2-291.77x+8.9138$	0.3433
	9—11	B2−B3	$y=1803.2x^3-769.38x^2+84.812x+0.9911$	0.3951
	12月至次年2月	B1+B2+B7	$y=235.94x^3-169.59x^2+30.804x+0.8526$	0.3197

湖泊	月份	X 代表的波段	公　式	R^2
异龙湖	3—5	B6—B2	$y=27448x^3+1467.3x^2+23.606x+3.8147$	0.3180
	6—8	B5—B7	$y=-5611.8x^3+2853.1x^2-418.76x+22.2920$	0.5529
	9—11	B1+B2—B6	$y=-268.37x^3-399.06x^2+193.2x-12.9830$	0.4459
	12月至次年2月	B4—B3	$y=132072x^3-15719x^2+488.77x+1.3457$	0.7241

4.2.2.2　模型验证

本书在反演模型的基础上，采用 2013—2014 年的总氮模型值和实测值对模型进行验证，见表 4.6。

表 4.6　　　　各湖泊总氮反演模型验证（2013—2014 年）

湖泊	月份	N	R^2	$RMSE$	$\overline{Q}_{obs}$	$\overline{Q}_{mod}$	NSE
滇池	3—5	42	0.2293	2.817	3.51	4.125	0.176
	6—8	41	0.262	2.507	2.90	3.279	0.241
	9—11	34	0.310	2.788	3.08	3.444	0.062
	12月至次年2月	34	0.473	2.729	3.76	4.011	0.427
洱海	1—2	13	0.355	0.196	0.68	0.555	0.342
	3—4	13	0.3468	0.166	0.59	0.577	0.300
	5—6	13	0.326	0.185	0.40	0.494	0.299
	7—8	15	0.335	0.175	0.51	0.425	0.216
	9—10	15	0.358	0.156	0.51	0.457	0.306
	11—12	14	0.368	0.157	0.57	0.512	0.2634
抚仙湖	3—5	16	0.268	0.124	0.20	0.176	0.219
	6—8	16	0.872	0.058	0.24	0.255	0.726
	9—11	15	0.226	0.117	0.26	0.243	0.192
	12月至次年2月	16	0.369	0.192	0.30	0.286	0.261
杞麓湖	3—5	12	0.296	1.752	4.75	5.026	0.285
	6—8	13	0.373	3.080	0.63	8.056	0.363
	9—11	12	0.334	2.944	7.67	7.064	0.300
	12月至次年2月	12	0.366	2.156	7.43	6.234	0.296

湖泊	月份	N	R^2	$RMSE$	$\overline{Q}_{obs}$	$\overline{Q}_{mod}$	NSE
阳宗海	3—5	12	0.352	0.099	0.59	0.603	0.287
	6—8	12	0.303	0.215	0.87	0.826	0.254
	9—11	12	0.312	0.392	0.69	0.523	0.215
	12月至次年2月	12	0.623	0.135	0.84	0.791	0.545
程海	3—5	6	0.816	0.059	0.69	0.731	0.609
	6—8	9	0.397	0.094	0.88	0.845	0.236
	9—11	6	0.351	0.131	0.74	0.789	0.206
	12月至次年2月	9	0.333	0.154	0.85	0.799	0.176
星云湖	3—5	12	0.436	0.597	1.75	1.881	0.408
	6—8	16	0.620	0.893	2.76	2.576	0.445
	9—11	12	0.301	0.959	1.84	2.188	0.215
	12月至次年2月	16	0.267	0.765	1.61	1.235	0.156
异龙湖	3—5	8	0.303	1.614	4.44	4.669	0.288
	6—8	10	0.830	1.435	4.70	4.201	0.664
	9—11	8	0.770	1.344	3.50	4.023	0.241
	12月至次年2月	10	0.887	0.716	4.08	3.918	0.806

注 N 为样点总数；$\overline{Q}_{obs}$ 为观测值的平均值；$\overline{Q}_{mod}$ 为模型值的平均值。

各湖泊总氮反演模型总体反演效果较好，可以实现对总氮的模拟。其中，星云湖、程海和异龙湖的 R^2 和 NSE 较高，$RMSE$ 较小，反演效果最好。滇池、洱海、抚仙湖、泸沽湖、杞麓湖、阳宗海的 R^2、$RMSE$、NSE 居中，基本满足模型反演要求（见表4.6）。

4.2.2.3   模型应用

将各湖泊优选的总氮反演模型应用到2010—2014年，共得出1840幅总氮反演结果图，其中每个湖泊的总氮反演结果图为230幅。以异龙湖（2013年12月）和抚仙湖（2014年6月）为例，其总氮反演结果分别如图4.6和图4.7所示。

图4.6表明，即使在同一湖泊相近时间段内，总氮的分布也存在很大变化。异龙湖中西部总氮较高，其变化幅度相对不大；东部总氮较低，其变化幅度较大，说明湖内可能存在氮的扩散与交换过程。该分布规律与云南省水文水资源局水质监测人员对异龙湖总氮的感性认识基本一致。

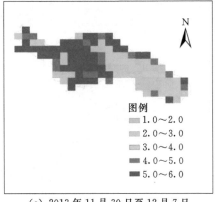

图例
■ 1.0～2.0
■ 2.0～3.0
■ 3.0～4.0
■ 4.0～5.0
■ 5.0～6.0

(a) 2013 年 11 月 30 日至 12 月 7 日

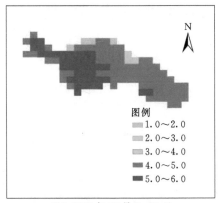

图例
■ 1.0～2.0
■ 2.0～3.0
■ 3.0～4.0
■ 4.0～5.0
■ 5.0～6.0

(b) 2013 年 12 月 8—15 日

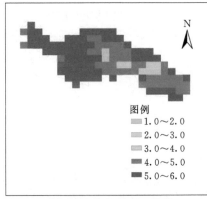

图例
■ 1.0～2.0
■ 2.0～3.0
■ 3.0～4.0
■ 4.0～5.0
■ 5.0～6.0

(c) 2013 年 12 月 16—23 日

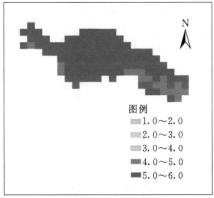

图例
■ 1.0～2.0
■ 2.0～3.0
■ 3.0～4.0
■ 4.0～5.0
■ 5.0～6.0

(d) 2013 年 12 月 24—31 日

图 4.6 异龙湖总氮反演结果图 （单位：mg/L）

从图 4.7 可以看出，抚仙湖总氮呈现中部低、外部高的分布规律，并且，中部总氮变化幅度很大，这说明抚仙湖的总氮可能主要来自外部输入，在湖内可能存在从周边向中部不断扩散的过程。抚仙湖总氮的空间分布与云南省水文水资源局观测人员的直观感受较为一致。

从 2010—2014 年各湖泊总氮反演的结果可知，在空间变化上，抚仙湖、异龙湖、滇池、洱海、程海、杞麓湖、星云湖、阳宗海总氮呈现周围高、中部低的分布规律；泸沽湖呈现周围低、中部高的分布规律。

采用反演模型分别得出 2010—2014 年的各湖泊总氮分布图，并对其进行对比分析，通过计算各湖泊的年总氮平均值可以得出：在 2010—2014 年，滇池、洱海、星云湖和阳宗海的总氮波动幅度较大，但无明显趋势；抚仙湖、程海、杞麓湖和泸沽湖基本稳定，波动幅度较小。

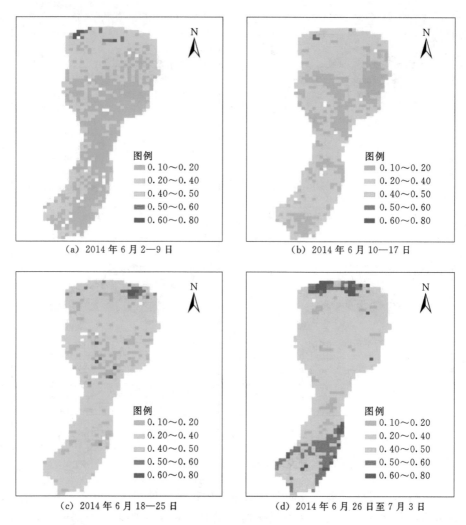

(a) 2014 年 6 月 2—9 日   (b) 2014 年 6 月 10—17 日

(c) 2014 年 6 月 18—25 日   (d) 2014 年 6 月 26 日至 7 月 3 日

图 4.7 抚仙湖总氮反演结果图（单位：mg/L）

4.2.3 透明度

4.2.3.1 实验结果

本书共建立了 146 组透明度反演模型，并利用 R^2、$RMSE$、NSE 系数综合选择出适合九湖的 35 个最佳组合模型，因九湖的自然环境不同，所以优选模型中选择的最佳波段和时间段组合存在差别。洱海、杞麓湖、星云湖、泸沽湖和程海不同时段的透明度反演散点图如图 4.8 所示，各湖泊各时段透明度反演模型见表 4.6。其中，抚仙湖透明度实测数值不连续，有效数值过少，没有对其进行反演。

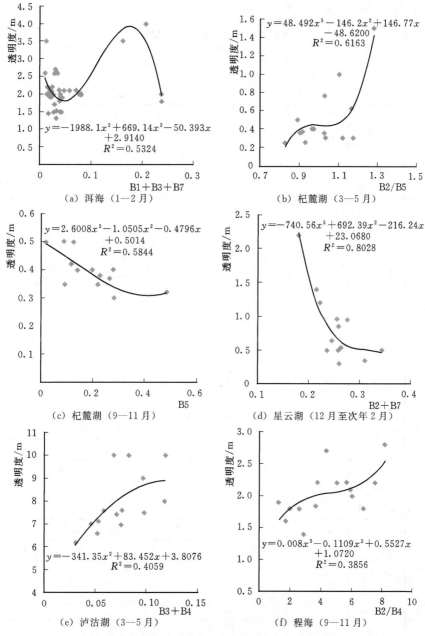

图 4.8 洱海、杞麓湖、星云湖、泸沽湖、程海透明度反演散点图

从各湖泊透明度反演模型的 R^2 来看，不同湖泊的最佳反演模型的 R^2 差别较大，R^2 为 $0.1728 \sim 0.8028$，其中杞麓湖在 3—5 月、星云湖在 12 月至次年 2 月的反演效果较好。杞麓湖、星云湖、异龙湖、抚仙湖、程海等湖泊的总体

反演效果较好，R^2 为 0.4 左右（见表 4.7）。

表 4.7　　　　　　　　　各湖泊各时段透明度反演模型

湖泊	月份	X 代表的波段	公　式	R^2
滇池	3—4	B1+B3−B7	$y=165.51x^3-46.889x^2+0.802x+0.5350$	0.3269
	5—6	B1−B4	$y=-5051.5x^3-215.56x^2+6.1133x+0.5037$	0.2967
	7—8	B2−B4	$y=4.4915x^2+0.7715x+0.2590$	0.3422
	9—11	B1/B4	$y=7.8547x^3-17.462x^2+13.09x-2.9556$	0.3422
	12月至次年2月	B2−B4	$y=948.13x^3-59.072x^2-1.1584x+0.5239$	0.3368
洱海	1—2	B1+B3+B7	$y=-1988.1x^3+669.14x^2-50.393x+2.9140$	0.5324
	3—4	B7	$y=-1650.7x^3+422.19x^2-21.151x+2.8396$	0.2362
	5—6	B1/B3	$y=-0.3473x^3+0.8146x^2-0.3576x+1.9719$	0.2134
	7—8	B1−B3−B4	$y=81.543x^3-46.822x^2+5.8335x+1.7747$	0.3885
	9—10	B1−B4	$y=-1645.5x^2-25.999x+1.7806$	0.1819
	11—12	B4/B6	$y=0.0013x^3-0.0085x^2+0.0155x-0.0007$	0.3261
杞麓湖	3—5	B2/B5	$y=48.492x^3-146.2x^2+146.77x-48.6200$	0.6163
	6—8	B1+B2−B5	$y=107.55x^3-48.757x^2+5.5124x+0.2789$	0.3245
	9—11	B5	$y=2.6008x^3-1.0505x^2-0.4796x+0.5014$	0.5844
	12月至次年2月	B6−B7	$y=95211x^3-10226x^2+318.34x-1.9557$	0.4608
阳宗海	3—5	B1−B3+B6	$y=-1080.9x^3+11.03x^2-0.2172x-0.1405$	0.1728
	6—8	B1+B3	$y=0.0148x^3-0.088x^2+0.1731x-0.1140$	0.2010
	9—11	B1−B4	$y=-374185x^3-27178x^2-560.42x-1.1079$	0.4026
	12月至次年2月	B2−B4	$y=-19085x^3-3337.5x^2-9.783x+2.5466$	0.3285
程海	3—5	B3−B4	$y=0.4923x^3-2.509x^2+4.1789x+2.2312$	0.2905
	6—8	B5−B7	$y=57.258x^3-12.692x^2+0.1487x+1.6135$	0.2495
	9—11	B2/B4	$y=0.008x^3-0.1109x^2+0.5527x+1.0720$	0.3856
	12月至次年2月	B3/B4	$y=77.398x^2-93.778x+30.1100$	0.3223
泸沽湖	3—5	B3+B4	$y=-341.35x^2+83.452x+3.8076$	0.4059
	6—8	B1−B4	$y=-173422x^3-4640.2x^2+174.69x+11.8310$	0.3277
	9—11	B1−B3	$y=1E+06x^3-2747.6x^2-201.38x+10.7890$	0.3364
	12月至次年2月	B1/B5	$y=-8.9816x^3+26.367x^2-18.35x+13.6900$	0.2076

续表

湖泊	月份	X 代表的波段	公 式	R^2
星云湖	3—5	B1+B2+B4	$y=641.64x^3-717.52x^2+256.34x-28.6690$	0.3373
	6—8	B5−B6	$y=300.31x^3-142.68x^2+15.509x+0.1106$	0.3276
	9—11	B5−B1	$y=424.05x^3-209.46x^2+30.607x-0.7295$	0.5148
	12月至次年2月	B2+B7	$y=-740.56x^3+692.39x^2-216.24x+23.0680$	0.8028
异龙湖	3—5	B3/B4	$y=685.05x^3-1275.1x^2+788.04x-161.4600$	0.4490
	6—8	B5−B4	$y=280.52x^3-107.03x^2+11.131x+0.0097$	0.4597
	9—11	B1+B5	$y=91.289x^3-109.88x^2+42.353x-4.9571$	0.2610
	12月至次年2月	B5	$y=243.98x^3-176.81x^2+41.792x-2.9774$	0.4835

4.2.3.2 模型验证

本书在反演模型的基础上，采用 2013—2014 年的透明度模型值和实测值对模型进行验证，见表 4.8。

表 4.8　　　　各湖泊透明度反演模型验证（2013—2014 年）

湖泊	月份	N	R^2	$RMSE$	$\overline{Q}_{obs}$	$\overline{Q}_{mod}$	NSE
滇池	3—4	28	0.280	0.161	0.44	0.448	0.278
	5—6	24	0.414	0.171	0.46	0.420	0.316
	7—8	28	0.368	0.124	0.30	0.316	0.348
	9—11	34	0.336	0.208	0.32	0.386	0.246
	12月至次年2月	34	0.350	0.258	0.42	0.436	0.178
洱海	1—2	12	0.902	0.186	2.15	2.206	0.794
	3—4	12	0.432	0.215	2.99	2.792	0.325
	5—6	12	0.412	0.201	1.99	2.043	0.301
	7—8	12	0.324	0.256	2.04	1.856	0.203
	9—10	12	0.454	0.195	1.76	1.759	0.307
	11—12	12	0.310	0.234	1.92	2.136	0.256
杞麓湖	3—5	6	0.369	0.108	0.35	0.382	0.301
	6—8	6	0.848	0.073	0.33	0.378	0.493
	9—11	6	0.313	0.033	0.35	0.352	0.310
	12月至次年2月	5	0.390	0.093	0.35	0.343	0.386

续表

湖泊	月份	N	R^2	RMSE	$\overline{Q}_{obs}$	$\overline{Q}_{mod}$	NSE
阳宗海	3—5	10	0.213	0.625	1.89	2.263	0.206
	6—8	10	0.214	0.597	1.76	2.126	1.956
	9—11	10	0.580	0.537	2.03	1.885	0.482
	12月至次年2月	10	0.357	0.551	2.23	2.151	0.321
程海	3—5	8	0.343	0.456	1.75	1.923	0.301
	6—8	10	0.234	0.521	1.77	2.013	0.203
	9—11	8	0.372	0.558	2.00	2.214	0.302
	12月至次年2月	10	0.3012	0.621	2.76	2.263	0.256
泸沽湖	3—5	6	0.385	1.258	8.83	8.174	0.222
	6—8	10	0.503	1.531	9.48	10.167	0.396
	9—11	6	0.260	2.084	12.60	11.648	0.231
	12月至次年2月	10	0.294	1.732	10.28	10.799	0.286
星云湖	3—5	6	0.3012	0.206	0.58	0.763	0.295
	6—8	8	0.699	0.108	0.52	0.502	0.567
	9—11	6	0.672	0.058	0.49	0.506	0.637
	12月至次年2月	8	0.623	0.260	0.72	0.791	0.542
异龙湖	3—5	10	0.539	0.057	0.21	0.216	0.505
	6—8	8	0.690	0.036	0.27	0.245	0.474
	9—11	10	0.372	0.098	0.36	0.312	0.312
	12月至次年2月	8	0.235	0.062	0.26	0.263	0.205

注 N为样点总数；$\overline{Q}_{obs}$ 为观测值的平均值；$\overline{Q}_{mod}$ 为模型值的平均值。

各湖泊透明度反演模型总体反演效果较好，可以实现对透明度的模拟。其中，星云湖、杞麓湖、滇池、洱海和异龙湖的 R^2 和 NSE 较高，RMSE 较小，反演效果最好。程海和泸沽湖的 R^2、RMSE、NSE 适中，基本满足模型反演要求。阳宗海的总体反演效果较差，但9—11月的反演效果较好（见表4.8）。

4.2.3.3 模型应用

将各湖泊优选的透明度反演模型应用到2010—2014年，共得出1840幅透明度反演结果图，其中每个湖泊的透明度反演结果图为230幅。以泸沽湖（2013年3月）和杞麓湖（2014年11月）为例，其透明度反演结果分别如图4.9和图4.10所示。

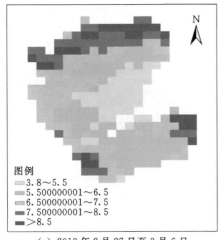

（a）2013 年 2 月 27 日至 3 月 6 日

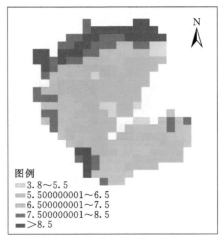

（b）2013 年 3 月 7—14 日

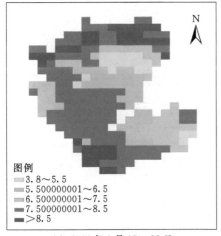

（c）2013 年 3 月 15—22 日

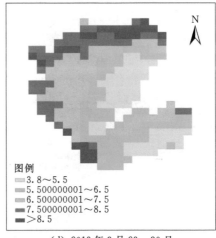

（d）2013 年 3 月 23—30 日

图 4.9　泸沽湖透明度反演结果图（单位：m）

图 4.9 表明，即使在同一湖泊相近时间段内，透明度的分布也存在很大变化。泸沽湖透明度总体呈现周围高、中部低的分布规律，其中东北部的透明度最高，并且变化幅度较小，中部透明度偏小，并且变化幅度较大。该分布规律与水文水资源局水质监测人员对泸沽湖透明度同期的感性认识基本一致。而且，监测人员认为该分布规律对他们进一步优化观测站网具有很好的辅助作用。

从图 4.10 可以看出，杞麓湖透明度总体呈现中部高、周围低的分布规律。杞麓湖的透明度变化幅度较大，尤其是北部透明度变化幅度很大，这也

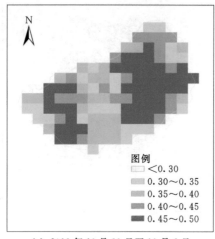

（a）2013年10月31日至11月6日

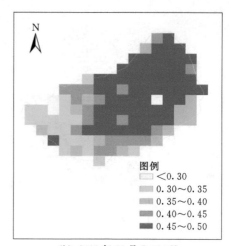

（b）2013年11月7—14日

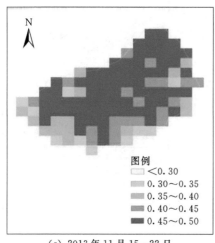

（c）2013年11月15—22日

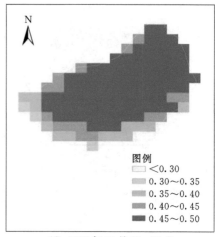

（d）2013年11月23—30日

图4.10　杞麓湖透明度反演结果图（单位：m）

与云南省水文水资源局观测人员的直观感受一致。

从2010—2014年各湖泊透明度反演的结果可知，在空间变化上，滇池、洱海、程海、杞麓湖、星云湖、异龙湖和阳宗海透明度呈现周围低、中部高的分布规律；泸沽湖呈现周围高、中部低的分布规律。这种分布规律可能与人类活动存在直接关系。

采用反演模型分别得出2010—2014年的各湖泊透明度分布图，并对其进行对比分析，通过计算各湖泊的年透明度平均值可以得出：在2010—2014年，滇池、洱海、杞麓湖、星云湖、异龙湖和阳宗海透明度波动幅度较大，

但无明显趋势；泸沽湖基本稳定，波动幅度较小；程海呈明显减小趋势，在
2010—2012 年减小幅度较小，在 2013—2014 年减小幅度较大。

4.2.4 藻类总细胞密度

4.2.4.1 实验结果

本书共建立了 128 组藻类总细胞密度反演模型，并利用 R^2、$RMSE$、
NSE 系数综合选择出适合九湖的 34 个最佳组合模型，因九湖的自然环境不
同，所以优选模型中选择的最佳波段和时间段组合存在差别。滇池、洱海、
程海、杞麓湖、星云湖和异龙湖不同时段的藻类总细胞密度反演散点图如图
4.11 所示，各湖泊各时段藻类总细胞密度反演模型见表 4.9。其中，抚仙湖
没有藻类总细胞密度实测数据，本书没有对其进行反演。

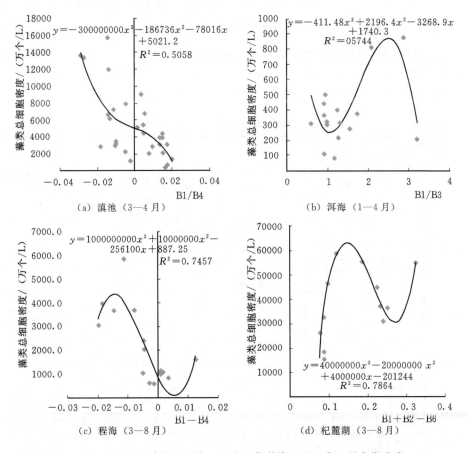

图 4.11（一） 滇池、洱海、程海、杞麓湖、星云湖、异龙湖藻类
总细胞密度反演散点图

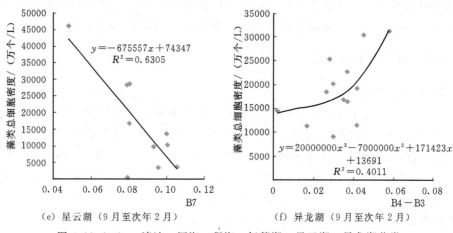

（e）星云湖（9月至次年2月）　　　　（f）异龙湖（9月至次年2月）

图4.11（二）　滇池、洱海、程海、杞麓湖、星云湖、异龙湖藻类
总细胞密度反演散点图

从各湖泊藻类总细胞密度反演模型的 R^2 来看，不同湖泊的最佳反演模型的 R^2 差别较大，R^2 为 0.2191～0.7864，其中洱海、杞麓湖、程海、星云湖等湖泊的总体反演效果较好，R^2 为 0.5 左右（见表 4.9）。

表4.9　　　　　　　　各湖泊各时段藻类总细胞密度反演模型

湖泊	月份	X 代表的波段	公　　　式	R^2
滇池	1—2	B4/B3	$y=-399.75x^3+1868.7x^2+20.234x-37.87$	0.4373
	3—4	B1—B4	$y=-3E+08x^3-186736x^2-78016x+5021.2$	0.5058
	5—6	B4/B1	$y=-1\times10^6x^3+5\times10^6x^2-5\times10^6x+2\times10^6$	0.2816
	7—8	B5/B4	$y=-4260.9x+14421$	0.2191
	9—10	B1/B4	$y=331019x^3-755552x^2+533196x-102752$	0.4285
	11—12	B4	$y=-2\times10^9x^3+5\times10^8x^2-4\times10^7x+1\times10^6$	0.3032
洱海	1—4	B1/B3	$y=-411.48x^3+2196.4x^2-3268.9x+1740.3$	0.5744
	5—6	B3	$y=-223330x^3+128169x^2-16436x+666.22$	0.6762
	7—8	B2	$y=90046x^3-61530x^2+12701x+248.17$	0.5521
	9—12	B1/B6	$y=1427.2x^3-5216.8x^2+5290.6x+874.66$	0.4929
杞麓湖	3—8	B1+B2—B6	$y=4\times10^7x^3-2\times10^7x^2+4\times10^6x-201244$	0.7864
	9月至次年2月	B2—B7	$y=-6\times10^6x^3+2\times10^6x^2-54117x+16590$	0.6438

续表

湖泊	月份	X 代表的波段	公　式	R^2
阳宗海	3—5	B4+B6	$y=-5\times10^6x^3+2\times10^6x^2-213063x+8371.7$	0.4419
	6—8	B4—B5	$y=-1\times10^5x^3+1.0675x^2-22714x+3356.5$	0.3420
	9—11	B2—B5	$y=-3\times10^8x^3+1\times10^7x^2+177773x+2822.8$	0.5547
	12月至次年2月	B3—B7	$y=-2\times10^9x^3+8\times10^7x^2-858438x+5113.3$	0.3795
程海	3—8	B1—B4	$y=1\times10^9x^3+1\times10^7x^2-256100x+887.25$	0.7457
	9月至次年2月	B2—B6	$y=-7\times10^7x^3+1\times10^7x^2-722591x+13642$	0.6691
泸沽湖	3—8	B2/B4	$y=14.871x^3-129.94x^2+339.2x-207.28$	0.3477
	9月至次年2月	B2—B5	$y=375192x^3+71956x^2+4206.1x+107.1$	0.4158
星云湖	3—8	B2/B4	$y=1906.6x^3-17882x^2+48123x-28825$	0.5097
	9月至次年2月	B7	$y=-675557x+74347$	0.6305
异龙湖	3—8	B2—B3	$y=-3\times10^7x^3+1\times10^7x^2-2\times10^6x+110046$	0.3450
	9月至次年2月	B4—B3	$y=2\times10^8x^3-7\times10^6x^2+171423x+13691$	0.4011

4.2.4.2　模型验证

本书在反演模型的基础上，采用 2013—2014 年的藻类总细胞密度模型值和实测值对模型进行验证，见表 4.10。

表 4.10　各湖泊藻类总细胞密度反演模型验证（2013—2014 年）

湖泊	月份	N	R^2	$RMSE$	$\overline{Q}_{obs}$	$\overline{Q}_{mod}$	NSE
滇池	1—2	20	0.280	2153.21	4825.15	4356.85	0.203
	3—4	20	0.680	2065.45	5231.93	5624.99	0.667
	5—6	16	0.321	2013.52	8386.59	7985.56	0.302
	7—8	20	0.227	2534.25	11936.33	10965.25	0.201
	9—10	20	0.333	2536.35	9226.49	8963.25	0.302
	11—12	12	0.214	2863.89	12119.34	11982.23	0.202
洱海	1—4	12	0.321	141.26	309.48	324.40	0.300
	5—6	8	0.672	117.87	344.32	333.67	0.668
	7—8	8	0.552	218.89	761.89	761.83	0.552
	9—12	12	0.493	662.06	2450.38	2450.54	0.492

续表

湖泊	月份	N	R^2	$RMSE$	$\overline{Q}_{obs}$	$\overline{Q}_{mod}$	NSE
杞麓湖	3—8	12	0.563	2133.24	38105.51	35312.24	0.502
	9月至次年2月	12	0.502	2053.56	31286.02	34253.26	0.495
阳宗海	3—5	8	0.423	563.98	2420.22	2568.39	0.406
	6—8	10	0.322	756.35	2610.05	2938.24	0.303
	9—11	10	0.537	665.45	3224.10	3376.73	0.511
	12月至次年2月	8	0.388	989.35	3293.49	3464.71	0.315
程海	3—8	6	0.921	668.47	2039.5	1576.49	0.729
	9月至次年2月	6	0.5236	563.896	1451.65	1068.59	0.496
泸沽湖	3—8	6	0.335	7.314	45.40	42.95	0.332
	9月至次年2月	6	0.258	9.704	37.37	37.02	0.251
星云湖	3—8	12	0.509	2785.39	9149.08	9153.07	0.509
	9月至次年2月	10	0.630	4255.81	16249.18	16249.09	0.631
异龙湖	3—8	12	0.321	6586.68	24516.25	23689.26	0.306
	9月至次年2月	6	0.481	5632.25	24793.36	23825.65	0.405

注 N 为样点总数；$\overline{Q}_{obs}$ 为观测值的平均值；$\overline{Q}_{mod}$ 为模型值的平均值。

各湖泊藻类总细胞密度反演模型总体反演效果较好，可以实现对藻类总细胞密度的模拟。其中，程海的 R^2 和 NSE 较高，$RMSE$ 较小，反演效果最好。洱海、杞麓湖、阳宗海、星云湖和异龙湖的 R^2 和 NSE 较高，$RMSE$ 较小，反演效果很好。滇池和泸沽湖的总体反演效果较差，但滇池 3—4 月反演效果较好（见表 4.10）。

4.2.4.3 模型应用

将各湖泊优选的藻类总细胞密度反演模型应用到 2010—2014 年，共得出 1840 幅藻类总细胞密度反演结果图，其中每个湖泊的藻类总细胞密度反演结果图为 230 幅。以洱海（2013 年 6 月）为例，其藻类总细胞密度反演结果如图 4.12 所示。

图 4.12 表明，即使在同一湖泊相近时间段内，藻类总细胞密度的分布也存在很大差异。洱海藻类总细胞密度总体没有明显分布规律，在相近时间段内变化幅度很大，其中团山、桃园等站点的变化幅度尤其大。该分布规律与云南省水文水资源局水质监测人员对洱海藻类总细胞密度同期的感性认识基本一致。

从 2010—2014 年各湖泊藻类总细胞密度反演的结果可知，在空间变化上，滇池、洱海、星云湖、异龙湖和阳宗海等湖泊藻类总细胞密度变化幅度很大，没有明显的分布规律；抚仙湖和泸沽湖呈现周围低、中部高的分布规律。

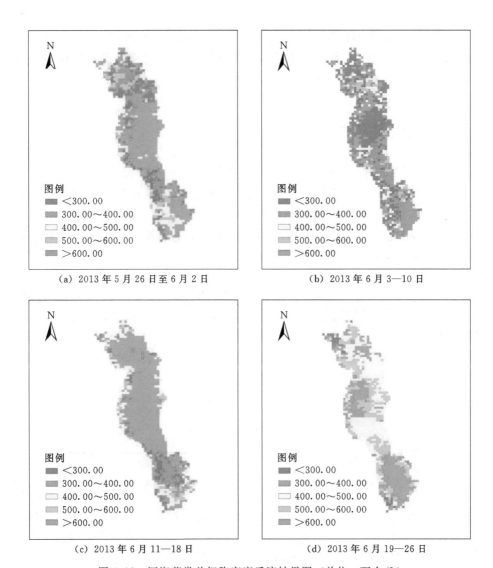

(a) 2013 年 5 月 26 日至 6 月 2 日   (b) 2013 年 6 月 3—10 日

(c) 2013 年 6 月 11—18 日   (d) 2013 年 6 月 19—26 日

图 4.12 洱海藻类总细胞密度反演结果图（单位：万个/L）

采用反演模型分别得出 2010—2014 年的各湖泊藻类总细胞密度分布图，并对其进行对比分析，通过计算各湖泊的年藻类总细胞密度平均值可以得出：在 2010—2014 年，滇池、洱海、星云湖、异龙湖和阳宗海等湖泊藻类总细胞密度变化幅度很大，但无明显趋势；抚仙湖、泸沽湖基本稳定，波动幅度较小。

4.3 基于 HJ 1A/1B 影像的水质参数提取

由于滇池、抚仙湖、异龙湖、杞麓湖这 4 个湖泊的 HJ-1B 影像受云的干扰，满足云量要求的数据较少，因此，本书只对具有连续时间序列的洱海、泸沽湖、星云湖和阳宗海 4 个湖泊进行水质参数反演，其中利用 2010—2012 年九湖的水质观测资料进行水质参数反演模型的确定，将 2013—2014 年的观测资料用于模型验证。

4.3.1 叶绿素 a

4.3.1.1 实验结果

本书共建立了 86 组叶绿素 a 浓度反演模型，并利用 R^2、$RMSE$、NSE 系数综合选择出适合九湖的 9 个最佳组合模型。洱海、泸沽湖和星云湖不同时段的叶绿素 a 浓度反演散点图如图 4.13 所示，各湖泊各时段的叶绿素 a 浓度反演模型见表 4.11。

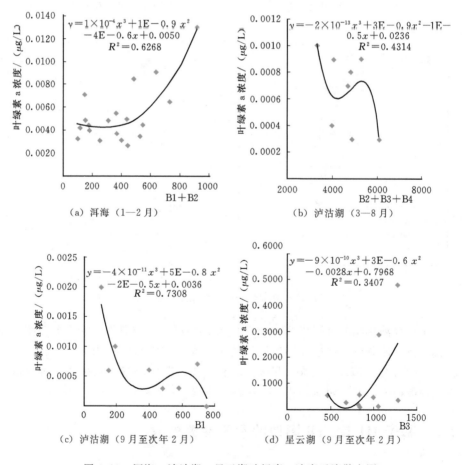

图 4.13　洱海、泸沽湖、星云湖叶绿素 a 浓度反演散点图

　　从各湖泊叶绿素 a 浓度反演模型的 R^2 来看，不同湖泊的最佳反演模型的 R^2 差别较大，R^2 为 0.2604～0.6268，其中洱海在 1—2 月的反演效果较好。而泸沽湖、阳宗海等湖泊的总体反演效果较好，R^2 为 0.4 左右（见表 4.11）

表 4.11　　　　　　　　　各湖泊各时段叶绿素 a 浓度反演模型

湖泊	月份	X 代表的波段	公　　式	R^2
洱海	1—2	B1+B2	$y=1\times10^{-11}x^3+1\times10^{-9}x^2-4\times10^{-6}x+0.005$	0.6268
	3—6	B3	$y=8\times10^{-11}x^3-1\times10^{-7}x^2+6\times10^{-5}x-0.0019$	0.4396
	7—12	2B2+B3−B4	$y=-1\times10^{-12}x^3+3\times10^{-9}x^2+5\times10^{-6}x+0.0049$	0.3727
泸沽湖	3—8	B2+B3+B4	$y=-2\times10^{-13}x^3+3\times10^{-9}x^2-1\times10^{-5}x+0.0236$	0.4314
	9 月至次年 2 月	B1	$y=1\times10^{-11}x^3-1\times10^{-8}x^2+1\times10^{-6}x+0.0012$	0.5052
星云湖	3—8	2B1+B2+B4	$y=2\times10^{-12}x^3-2\times10^{-8}x^2+6\times10^{-5}x+0.0292$	0.2604
	9 月至次年 2 月	B3	$y=-9\times10^{-10}x^3+3\times10^{-6}x^2-0.0028x+0.7968$	0.3407
阳宗海	3—8	B1	$y=1\times10^{-11}x^3-5\times10^{-8}x^2+4\times10^{-5}x-0.0019$	0.4947
	9 月至次年 2 月	B2	$y=6\times10^{-14}x^3-6\times10^{-10}x^2+2\times10^{-6}x+0.008$	0.3288

4.3.1.2　模型验证

　　本书采用 2013—2014 年的叶绿素 a 浓度模型值和实测值对模型进行验证，见表 4.12。

表 4.12　　　各湖泊叶绿素 a 浓度反演模型验证（2013—2014 年）

湖泊	月份	N	R^2	$RMSE$	$\overline{Q}_{obs}$	$\overline{Q}_{mod}$	NSE
洱海	1—2	8	0.829	0.002	0.006	0.005	0.668
	3—6	14	0.324	0.002	0.006	0.005	0.301
	7—12	8	0.205	0.155	0.011	0.012	0.155
泸沽湖	3—8	4	0.325	0.023	0.001	0.0005	0.302
	9 月至次年 2 月	8	0.375	0.001	0.001	0.0009	0.355
星云湖	3—8	8	0.261	0.044	0.065	0.0821	0.169
	9 月至次年 2 月	8	0.342	0.139	0.101	0.112	0.337
阳宗海	3—8	12	0.304	0.004	0.008	0.007	0.246
	9 月至次年 2 月	12	0.379	0.005	0.011	0.0111	0.211

注　N 为样点总数；$\overline{Q}_{obs}$ 为观测值的平均值；$\overline{Q}_{mod}$ 为模型值的平均值。

各湖泊叶绿素 a 浓度反演模型总体反演效果较好，可以实现对叶绿素 a 浓度的模拟。其中，泸沽湖和阳宗海的 R^2 和 NSE 较高，$RMSE$ 较小，反演效果最好。星云湖的 R^2、$RMSE$、NSE 基本满足模型反演要求。洱海的总体反演效果较差，但洱海 1—2 月的反演效果较好（见表 4.12）。

4.3.1.3 模型应用

将优选的叶绿素 a 浓度反演模型应用到 2010—2014 年，共得出 1840 幅叶绿素 a 浓度反演结果图，其中每个湖泊的叶绿素 a 浓度反演结果图为 460 幅。以洱海（2013 年 2 月）为例，其叶绿素 a 浓度反演结果如图 4.14 所示。

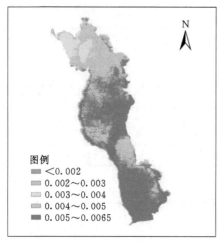

图例
■ <0.002
■ 0.002~0.003
□ 0.003~0.004
□ 0.004~0.005
■ 0.005~0.0065

(a) 2013 年 1 月 31 日至 2 月 3 日

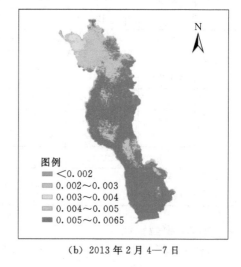

图例
■ <0.002
■ 0.002~0.003
□ 0.003~0.004
□ 0.004~0.005
■ 0.005~0.0065

(b) 2013 年 2 月 4—7 日

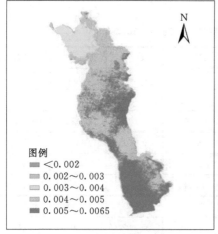

图例
■ <0.002
■ 0.002~0.003
□ 0.003~0.004
□ 0.004~0.005
■ 0.005~0.0065

(c) 2013 年 2 月 8—11 日

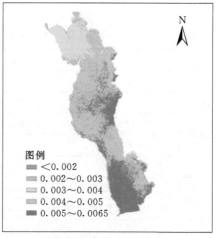

图例
■ <0.002
■ 0.002~0.003
□ 0.003~0.004
□ 0.004~0.005
■ 0.005~0.0065

(d) 2013 年 2 月 12—15 日

图 4.14 洱海叶绿素 a 浓度反演结果图（单位：$\mu g/L$）

图 4.14 表明,即使在同一湖泊相近时间段内,叶绿素 a 浓度的分布也存在很大变化。洱海叶绿素 a 浓度总体呈现周围高、中部低的分布规律。洱海南部叶绿素 a 浓度较高,变化幅度不大,而北部叶绿素 a 浓度较低。该分布规律与云南省水文水资源局水质监测人员对洱海叶绿素 a 浓度同期的感性认识基本一致。

采用反演模型分别得出 2010—2014 年的各湖泊叶绿素 a 浓度分布图,并对其进行对比分析通过计算各湖泊的年叶绿素 a 浓度平均值可以得出:在 2010—2014 年,洱海和星云湖叶绿素 a 浓度波动幅度较大,但无明显趋势;泸沽湖基本稳定,波动幅度较小;阳宗海呈减小趋势,在 2010—2012 年减小幅度较小,在 2013—2014 年减小幅度较大。这与采用 MODIS 影像为数据源所得的空间分布规律完全一致。

4.3.2 总氮

4.3.2.1 实验结果

本书共建立了 77 组总氮反演模型,并利用 R^2、$RMSE$、NSE 系数综合选择出适合九湖的 7 个最佳组合模型。洱海、星云湖和阳宗海不同时段的总氮反演散点图如图 4.15 所示,各湖泊各时段总氮反演模型见表 4.13。

从各湖泊总氮反演模型的 R^2 来看,不同湖泊的最佳反演模型的 R^2 差别较大,R^2 为 0.1466~0.5174,其中星云湖的总体反演效果较好,R^2 为 0.45 左右(见表 4.13)。

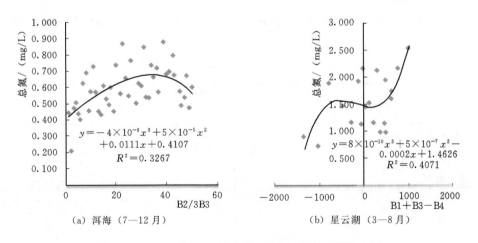

(a) 洱海(7—12月)　　　　　(b) 星云湖(3—8月)

图 4.15(一)　洱海、星云湖、阳宗海总氮反演散点图

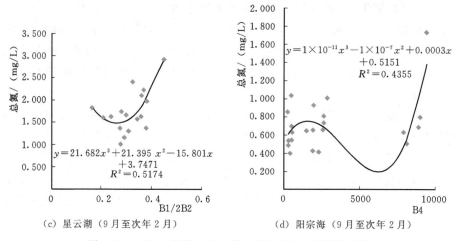

（c）星云湖（9月至次年2月）　　　　　　（d）阳宗海（9月至次年2月）

图 4.15（二）　洱海、星云湖、阳宗海总氮反演散点图

表 4.13　　　　　　　　　　各湖泊各时段总氮反演模型

湖泊	月份	X 代表的波段	公　式	R^2
洱海	1—2	B1/B3	$y=0.0768x^3-0.1963x^2+0.0079x+0.6249$	0.1466
	3—6	B2/B3	$y=2.3054x^3-9.4926x^2+12.28x-4.5094$	0.3277
	7—12	B2/3B3	$y=-4\times10^{-6}x^3+5\times10^{-5}x^2+0.0111x+0.4107$	0.3267
星云湖	3—8	B1+B3−B4	$y=8\times10^{-10}x^3+5\times10^{-7}x^2-0.0002x+1.4626$	0.4071
	9月至次年2月	B1/2B2	$y=21.682x^3+21.395x^2-15.801x+3.7471$	0.5174
阳宗海	3—8	B2/B4	$y=-0.7455x^3+1.2374x^2-0.0196x+0.2669$	0.2006
	9月至次年2月	B4	$y=1\times10^{-11}x^3-1\times10^{-7}x^2+0.0003x+0.5151$	0.4355

4.3.2.2　模型验证

本书在反演模型的基础上，采用 2013—2014 年的总氮模型值和实测值对模型进行验证，见表 4.14。

表 4.14　　　　　各湖泊总氮反演模型验证（2013—2014 年）

湖泊	月份	N	R^2	RMSE	$\overline{Q}_{obs}$	$\overline{Q}_{mod}$	NSE
洱海	1—2	14	0.108	0.172	0.643	0.580	0.091
	3—6	26	0.335	0.149	0.493	0.488	0.334
	7—12	14	0.370	0.125	0.668	0.624	0.216
星云湖	3—8	12	0.335	0.733	1.753	1.739	0.211
	9月至次年2月	12	0.763	0.275	1.609	1.749	0.678
阳宗海	3—8	8	0.183	0.158	0.518	0.613	0.152
	9月至次年2月	8	0.322	0.246	0.798	0.800	0.295

注　N为样点总数；$\overline{Q}_{obs}$ 为观测值的平均值；$\overline{Q}_{mod}$ 为模型值的平均值。

　　各湖泊总氮反演模型总体反演效果较好，基本实现对总氮的模拟。其中，星云湖 9 月至次年 2 月的 R^2 和 NSE 较高，$RMSE$ 较小，反演效果最好。星云湖 3—8 月和阳宗海的 R^2、$RMSE$、NSE 适中，基本满足模型反演要求。洱海 1—2 月的总体反演效果差，难以满足总氮反演要求（见表 4.14）。

4.3.3　透明度

4.3.3.1　实验结果

　　本书共建立了 86 组透明度反演模型，并利用 R^2、$RMSE$、NSE 系数综合选择出适合九湖的 9 个最佳组合模型。洱海、泸沽湖、星云湖和阳宗海不同时段的透明度反演散点图如图 4.16 所示，各湖泊各时段反演模型见表 4.15。

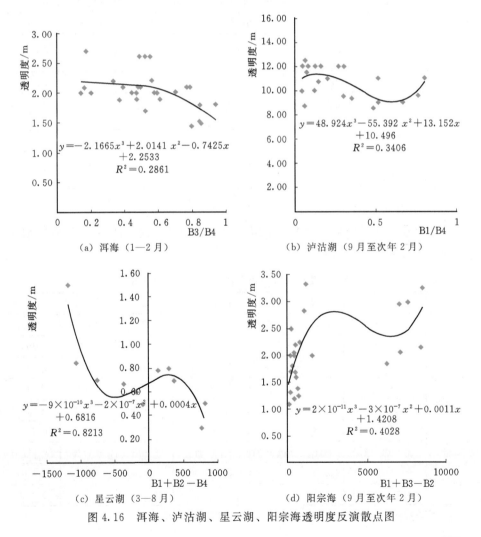

图 4.16　洱海、泸沽湖、星云湖、阳宗海透明度反演散点图

119

从各湖泊透明度反演模型的 R^2 来看，不同湖泊的最佳反演模型的 R^2 差别较大，R^2 为 $0.1668 \sim 0.8213$，其中星云湖的总体反演效果最好，3—8 月的 R^2 为 0.8213，而阳宗海的反演效果较好，R^2 为 0.30 左右（见表 4.15）。

表 4.15　　　　　　　　各湖泊各时段透明度反演模型

湖泊	月份	X 代表的波段	公　式	R^2
滇池	3—5	B3	$y=4\times10^{-11}x^3-5\times10^{-10}x^2-0.0002x+0.1543$	0.1956
洱海	1—2	B3/B4	$y=-2.1665x^3+2.0141x^2-0.7425x+2.2533$	0.2861
	3—6	B1	$y=-1\times10^{-10}x^3+8\times10^{-7}x^2-0.0013x+2.6139$	0.1668
	7—12	B1+B2−B3	$y=-1\times10^{-9}x^3+4\times10^{-6}x^2-0.0039x+2.8407$	0.3089
泸沽湖	3—8	B1/B2	$y=-14.5x^3+36.706x^2-26.361x+14.646$	0.2404
	9月至次年2月	B1/B4	$y=48.924x^3-55.392x^2+13.152x+10.496$	0.3406
星云湖	3—8	B1+B2−B4	$y=-9\times10^{-10}x^3-2\times10^{-7}x^2+0.0004x+0.6816$	0.8213
	9月至次年2月	B1+B2−B4	$y=-2\times10^{-10}x^3-1\times10^{-6}x^2-0.0018x-0.0923$	0.3187
阳宗海	3—8	B1+B2−B4	$y=-5\times10^{-11}x^3+1\times10^{-7}x^2-0.0002x+1.9722$	0.2036
	9月至次年2月	B1+B3−B2	$y=2\times10^{-11}x^3-3\times10^{-7}x^2+0.0011x+1.4208$	0.4028

4.3.3.2　模型验证

本书在反演模型的基础上，采用 2013—2014 年的透明度模型值和实测值对模型进行验证，见表 4.16。

表 4.16　　　　　　各湖泊透明度反演模型验证（2013—2014 年）

湖泊	月份	N	R^2	$RMSE$	$\overline{Q}_{obs}$	$\overline{Q}_{mod}$	NSE
洱海	1—2	14	0.282	0.203	1.961	2.059	0.203
	3—6	26	0.153	0.305	2.485	2.336	0.106
	7—12	14	0.312	0.186	1.700	1.536	0.264
泸沽湖	3—8	12	0.279	0.738	9.782	9.306	0.238
	9月至次年2月	8	0.312	0.748	9.857	9.372	0.245
星云湖	3—8	6	0.712	0.095	0.580	0.603	0.693
	9月至次年2月	6	0.229	0.356	0.678	0.800	0.202
阳宗海	3—8	8	0.267	0.280	2.091	1.952	0.150
	9月至次年2月	8	0.456	0.237	2.172	1.910	0.325

注　N 为样点总数；$\overline{Q}_{obs}$ 为观测值的平均值；$\overline{Q}_{mod}$ 为模型值的平均值。

各湖泊透明度反演模型总体反演效果较好，基本实现对透明度的模拟。其中，星云湖 3—8 月的 R^2 和 NSE 较高，RMSE 较小，反演效果最好。泸沽湖和星云湖 9 月至次年 2 月的 R^2、RMSE、NSE 基本满足模型反演要求。阳宗海和洱海的总体反演效果差（见表 4.16）。

4.3.3.3　模型应用

将优选的透明度反演模型应用到 2010—2014 年，共得出 1840 幅透明度反演结果图，其中每个湖泊的透明度反演结果图为 460 幅。以星云湖（2014年 4 月）为例，其透明度反演结果如图 4.17 所示。

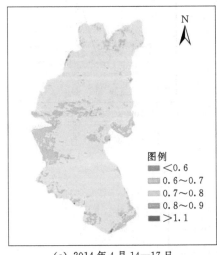
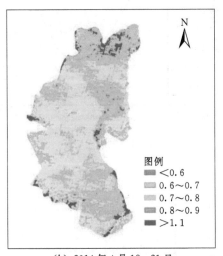

（a）2014 年 4 月 14—17 日　　　　（b）2014 年 4 月 18—21 日

图 4.17　星云湖透明度反演结果图（单位：m）

图 4.17 表明，即使在同一湖泊相近时间段内，透明度的分布也存在很大变化。星云湖透明度变化幅度较大，尤其以北部最为明显。该分布规律与云南省水文水资源局水质监测人员对星云湖透明度的感性认识基本一致。

采用反演模型分别得出 2010—2014 年的各湖泊透明度分布图，并对其进行对比分析，通过计算各湖泊的年透明度平均值可以得出：在 2010—2014年，洱海、星云湖和阳宗海透明度波动幅度较大，但无明显趋势；泸沽湖基本稳定，波动幅度较小。无论是透明度的空间分布规律还是透明度的变化规律均与采用 MODIS 影像为数据源所得的结果一致。

4.3.4　藻类总细胞密度

4.3.4.1　实验结果

本书共建立了 86 组藻类总细胞密度反演模型，并利用 R^2、RMSE、NSE

系数综合选择出适合九湖的 9 个最佳组合模型。洱海、泸沽湖和阳宗海不同时段的藻类总细胞密度反演散点图如图 4.18 所示，各湖泊各时段藻类总细胞密度反演模型见表 4.17。

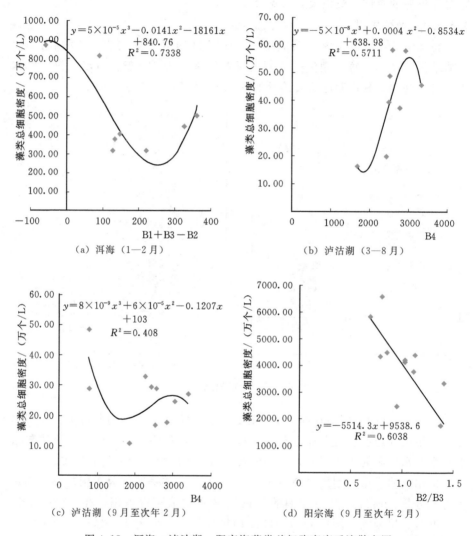

图 4.18　洱海、泸沽湖、阳宗海藻类总细胞密度反演散点图

　　从各湖泊藻类总细胞密度反演模型的 R^2 来看，不同湖泊的最佳反演模型的 R^2 差别较大，R^2 为 0.408～0.794，其中洱海、泸沽湖和星云湖的总体反演效果很好，R^2 都在 0.55 以上。阳宗海反演效果较好，R^2 为 0.50 左右（见表4.17）。

表 4.17 各湖泊各时段藻类总细胞密度反演模型

湖泊	月份	X 代表的波段	公 式	R^2
洱海	1—2	B1＋B3－B2	$y=5\times10^{-5}x^3-0.0141x^2-1.8161x+840.76$	0.7338
	3—6	B1＋B2－B4	$y=-1\times10^{-6}x^3+0.0037x^2-2.5666x+625.25$	0.6521
	7—12	B2	$y=1.7469x+973.53$	0.6506
泸沽湖	3—8	B4	$y=-5\times10^{-8}x^3+0.0004x^2-0.8534x+638.98$	0.5711
	9 月至次年 2 月	B4	$y=-8\times10^{-9}x^3+6\times10^{-5}x^2-0.1207x+103$	0.408
星云湖	3—8	B1＋B2－B4	$y=0.0343x^2-21.521x+3877$	0.794
	9 月至次年 2 月	B3	$y=0.0081x^3-25.406x^2+26047x-9E+06$	0.6647
阳宗海	3—8	B3	$y=2\times10^{-5}x^3-0.0278x^2+12.561x+1579.7$	0.4111
	9 月至次年 2 月	B2/B3	$y=-5514.3x+9538.6$	0.6038

4.3.4.2 模型验证

本书在反演模型的基础上，采用 2013—2014 年的藻类总细胞密度模型值和实测值对模型进行验证，见表 4.18。

表 4.18 各湖泊藻类总细胞密度反演模型验证（2013—2014 年）

湖泊	月份	N	R^2	$RMSE$	$\overline{Q}_{obs}$	$\overline{Q}_{mod}$	NSE
洱海	1—2	8	0.673	122.703	504.816	542.326	0.639
	3—6	14	0.532	99.253	285.206	264.254	0.456
	7—12	8	0.651	702.805	2330.343	2330.372	0.651
泸沽湖	3—8	4	0.425	12.361	42.030	39.350	0.356
	9 月至次年 2 月	6	0.398	12.352	39.165	37.250	0.324
星云湖	3—8	6	0.794	2665.543	6974.165	6974.404	0.794
	9 月至次年 2 月	6	0.229	0.356	6974.165	0.800	0.202
阳宗海	3—8	10	0.356	1246.232	2202.503	2003.140	0.312
	9 月至次年 2 月	10	0.630	1116.651	3676.059	3554.741	0.619

注 N 为样点总数；$\overline{Q}_{obs}$ 为观测值的平均值；$\overline{Q}_{mod}$ 为模型值的平均值。

各湖泊藻类总细胞密度反演模型总体反演效果很好，可以对实现对藻类总细胞密度的模拟。其中，洱海的 R^2 和 NSE 较高，$RMSE$ 较小，反演效果最好。泸沽湖、星云湖和阳宗海的 R^2、NSE 和 NSE 表明反演的效果较好（见表4.18）。

4.3.4.3 模型应用

将优选的藻类总细胞密度反演模型应用到 2010—2014 年，共得出 1840 幅藻类总细胞密度反演结果图，其中每个湖泊的藻类总细胞密度反演结果图为 460 幅。以星云湖（2014 年 3 月）为例，其藻类总细胞密度反演结果如图 4.19 所示。

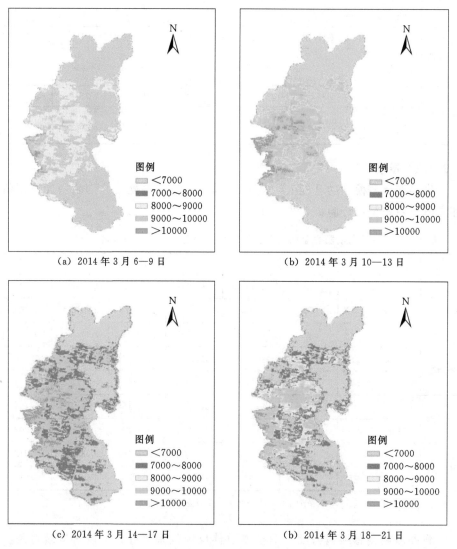

(a) 2014 年 3 月 6—9 日　　　　　(b) 2014 年 3 月 10—13 日

(c) 2014 年 3 月 14—17 日　　　　　(b) 2014 年 3 月 18—21 日

图 4.19　星云湖藻类总细胞密度反演结果图（单位：万个/L）

图 4.19 表明，即使在同一湖泊相近时间段内，藻类总细胞密度的分布也存在很大差异。星云湖藻类总细胞密度总体没有明显分布规律，在相近时间段内变化幅度很大，北部藻类总细胞密度较小，并且变化幅度较小。该分布规律与云南省水文水资源局水质监测人员对星云湖藻类总细胞密度同期的感性认识基本一致。

采用反演模型分别得出 2010—2014 年的各湖泊藻类总细胞密度分布图，并对其进行对比分析，通过计算各湖泊的年藻类总细胞密度平均值可以得出：在 2010—2014 年，洱海、星云湖和阳宗海等湖泊的藻类总细胞密度变化幅度很大，但无明显趋势；泸沽湖基本稳定，波动幅度较小。藻类总细胞密度的变化规律与采用 MODIS 影像为数据源所反演的结果一致。

5

云南省九大高原湖泊水量变化

5.1 基于高分辨率遥感影像的湖泊水面面积变化

传统的湖泊水量监测主要依靠入湖河流的断面流量观测，需要大量的人力和基建、设备、征地等费用来建立和维护站点。不仅耗时耗力，而且监测周期长、监测精度难以保证，难以实现对湖泊水量宏观、有效的监测，尤其是不能进行实时监测。而随着遥感技术的广泛应用，资源、气象等卫星遥感图像以其周期性、宏观性、高效性的特点为精确调查湖泊、水库等水体状况创造了条件，有着广泛的应用前景。

Landsat 系列遥感影像具有较高的空间分辨率、波谱分辨率，极为丰富的信息量和较高的定位精度，是世界各国广泛应用的重要地球资源与环境遥感数据源。本书基于 2014—2015 年获取的 1.5 m 分辨率的 SPOT 6/7 遥感影像，分别对 1989 年、1993 年、2000 年、2007 年和 2015 年的 Landsat 系列卫星影像进行了几何精纠正，进而采用目视解译的方法对九湖水面面积信息进行了解译，获取了九湖水面面积的变化动态。

5.1.1 数据源及预处理

选用的数据为美国地球资源卫星 Landsat 系列卫星遥感数据和法国的 SPOT 6/7 卫星遥感数据。Landsat MSS 是由 Landsat1～5 卫星携带的传感器，它获取了 1972 年 7 月至 1992 年 10 月期间的连续地球影像，Landsat MSS 影像数据有 4 个波段，所有波段的分辨率为 79m。Landsat 主题成像仪（TM）是 Landsat 4 和 Landsat 5 携带的传感器，从 1982 年发射至今，其工作状态良好，几乎实现了连续地获得地球影像。Landsat TM 影像数据包含 7 个波段，波段 1～5 和波段 7 的空间分辨率为 30m，波段 6（热红外波段）的空间分辨率为 120m。Landsat 7 ETM＋影像数据包括 8 个波段，band1～5 和 band7 的空间分辨率为 30m，band6 的空间分辨率为 60m，band8（全色）的空间分辨率为 15m。Landsat 8 OLI 影像数据包括 9 个波段，空间分辨率为 30m，其中包括一个 15m 的全色波段。Landsat 系列遥感数据通过地理空

间数据云（http：//www.gscloud.cn）获得，其中 1989 年为 Landsat MSS
影像数据，1993 年和 2000 年遥感影像通过 Landsat 5 卫星的 TM 传感器获
取，2007 年遥感影像通过 Landsat 7 卫星的 ETM＋传感器获得，2015 年遥感
影像则通过 Landsat 8 OLI 传感器得到，以上产品均为 Level L1T 数据，该产
品经过了系统辐射校正和地面控制点几何校正，并且通过 DEM 进行了地形
校正。

　　SPOT 系列卫星是法国空间研究中心（CNES）研制的一种地球观测卫星
系统，自 1986 年 2 月起，SPOT 系列卫星陆续发射，到目前为止已发射
SPOT 卫星 1～7 号。SPOT 卫星采用太阳同步准回归轨道，通过赤道时刻为
地方时上午 10：30，回归天数（重复周期）为 26d。SPOT 6/7 全色分辨率为
1.5m，多光谱分辨率为 6m。本书采用 1.5m 空间分辨率的云南九湖 2015 年
SPOT 6/7 卫星影像数据与 Landsat 卫星影像数据进行了对比分析。云南九湖
遥感影像的成像日期见表 5.1。

表 5.1　　　　　　　　　　　云南九湖遥感影像成像日期

河湖名称	1989 年（Landsat）	1993 年（Landsat）	2000 年（Landsat）	2007 年（Landsat）	2014—2015 年（Landsat）	2013—2014 年（SPOT6/7）
泸沽湖	1989－01－02	1993－05－13	2000－12－26	2007－06－29	2015－01－02	2013－05－21
程海	1989－01－02	1995－12－13	2000－12－26	2008－01－23	2015－01－02	2014－05－13
洱海	1989－01－02	1993－05－13	2000－12－26	2008－01－23	2014－09－28	2014－01－10
滇池	1989－03－09	1993－12－25	2000－12－26	2008－01－23	2014－11－25	2014－11－25
阳宗海	1989－03－09	1993－12－25	2000－11－26	2008－03－29	2015－01－04	2014－01－24
抚仙湖	1989－03－09	1993－12－25	2000－11－26	2008－03－29	2015－01－04	2014－01－31
星云湖	1989－03－09	1993－12－25	2000－11－26	2008－03－29	2015－01－04	2014－01－31
杞麓湖	1989－03－09	1993－12－25	2000－11－26	2008－03－29	2014－02－02	2014－01－31
异龙湖	1989－03－09	1993－12－25	2000－11－02	2008－03－29	2014－02－02	2014－01－31

　　遥感影像由于受系统、大气、地形及周边环境等因素的影响，因此必须
对原始的遥感影像进行辐射校正、大气校正、几何精校正和地形校正等处理。
在几何校正中，分别选取了 36 个特征清晰且不易变动的地物作为控制点，校
正均方根误差（RMSE）为 0.31 个像元，表明校正具有很高的精度。几何畸
变纠正的模型采用二次多项式，图像的重采样方法为最近邻法。

　　遥感解译受获取影像的平台、遥感器、成像方式、成像日期、季节等的
影响，所以目视解译前需要对解译的地区范围、影像的比例尺、空间分辨率、
彩色合成方案等有较为深入的了解，结合已有专业资料进行解译。解译时，

遵循从已知到未知，从整体到局部的原则，综合分析各种因素，最终实现正确解译。

5.1.2　水体提取流程

首先通过网站获取 Landsat 和 SPOT6/7 遥感影像数据，然后将 SPOT6/7 遥感影像进行全色和多光谱数据融合得到 1.5m 空间分辨率的 SPOT6/7 遥感影像，同时对 Landsat 数据采用假彩色 RGB4/5/3 进行波段组合，进而基于 2014—2015 年的 1.5m 空间分辨率的 SPOT6/7 遥感影像，分别对 1989 年、1993 年、2000 年、2007 年和 2015 年的 Landsat 系列卫星影像进行了几何精校正，最后采用目视解译的方式对校正得到的影像湖泊边界进行提取，从而得到九湖水面面积并对其进行分析比较，水体提取流程如图 5.1 所示。

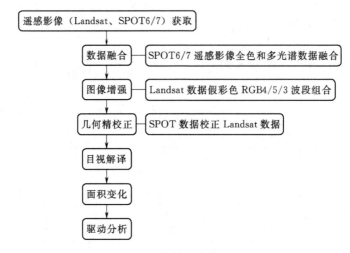

图 5.1　水体提取流程图

5.1.3　湖泊水面面积变化

通过目视解译得到 1989—2015 年云南九湖边界并由此计算得到水面面积变化动态，如图 5.2 所示。

九湖水面面积从 1989 年到 2015 年出现少量萎缩，总水面面积由 1989 年的 1038.44km² 减少到 2015 年的 998.54 km²，共减少了 39.9 km²（约 4%），说明九湖水面面积变化整体较为稳定。其中，泸沽湖水面面积波动最小。杞麓湖水面面积在 2007 年前基本保持稳定，但 2007 年后急剧减少，2015 年水面面积已减少为 1989 年水面面积的 61.9%。异龙湖水面面积则在 2000 年前基本保持稳定，2007 年开始显著减少（10%），至 2015 年萎缩至 1989 年水面

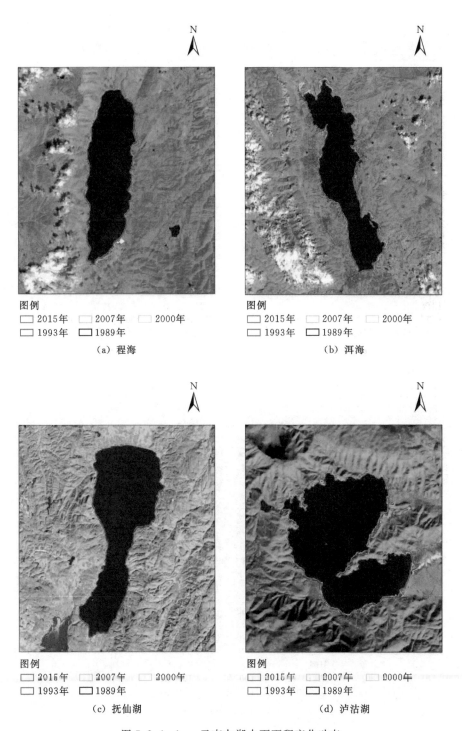

图 5.2（一）　云南九湖水面面积变化动态

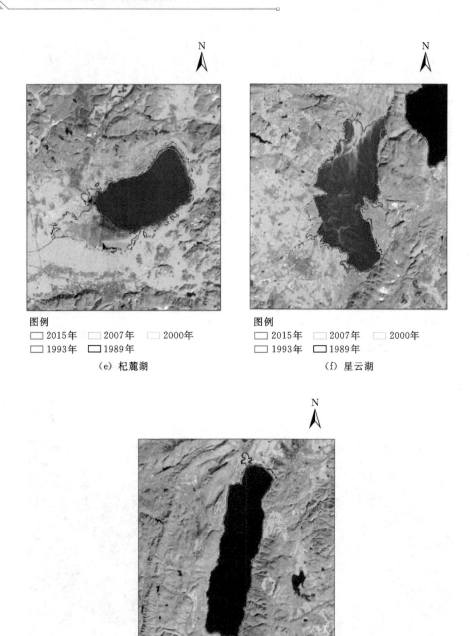

图 5.2（二）　云南九湖水面面积变化动态

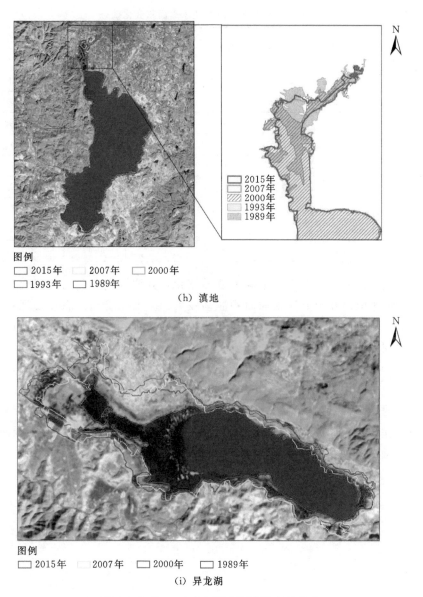

图例
☐ 2015年　☐ 2007年　☐ 2000年
☐ 1993年　☐ 1989年

（h）滇池

图例
☐ 2015年　　☐ 2007年　　☐ 2000年　　☐ 1989年

（i）异龙湖

图 5.2（三）　云南九湖水面面积变化动态

面积的 59.8%，萎缩幅度达 40.2%。滇池和洱海的水面面积在 1989—1993 年间出现了显著的减少，分别减少了 7.4km² （2.5%）和 4.0 km² （1.5%），而在 1993—2000 年出现了明显的回升，分别增大了 8.4 km² （2.9%）和 7.1 km² （2.7%），此后基本保持稳定。1989—2015 年云南九湖水面面积变化动态见表 5.2。

表 5.2 　　　　　　1989—2015 年云南九湖水面面积变化动态 　　　　　单位：km²

湖泊名称	1989 年	1993 年	2000 年	2007 年	2015 年	2013—2014 年（SPOT）
泸沽湖	50.19	51.09	50.78	49.85	50.18	50.89
程海	74.73	74.08	75.00	74.47	73.48	74.36
洱海	264.60	260.57	267.71	265.52	261.38	265.29
滇池	298.87	291.51	299.91	296.92	295.74	298.15
阳宗海	30.37	29.95	30.08	30.09	29.46	29.79
抚仙湖	214.67	214.57	215.38	214.00	213.70	215.08
星云湖	34.97	35.12	34.46	33.90	31.96	32.64
杞麓湖	36.35	35.22	36.43	35.70	22.50	23.15
异龙湖	33.69	34.66	33.73	30.40	20.14	20.48

　　九湖水面面积均发生了不同程度的变化，其原因主要包括气候变化和人类活动的影响，其中滇池水面面积波动较大，主要是受到工农业发展和水利工程的影响，而异龙湖则主要受干旱影响，水面面积严重萎缩，下面以滇池和异龙湖为例进行分析。

　　1989—2015 年滇池水面面积变化情况如图 5.3 所示。从空间上看，滇池水面面积的变化主要发生在海埂以北的草海部分。具体表现为：1989—1993年，滇池北部草海大范围缩减，造成滇池水面面积急速缩减；1993—2000 年，滇池北部草海不断扩大，滇池水面面积显著增加；之后变化幅度逐渐减小，基本保持稳定。

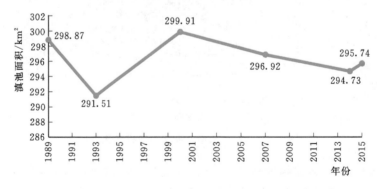

图 5.3 　1989—2015 年滇池水面面积变化曲线

　　滇池水面面积的变化大致经历了以下 4 个阶段：

　　第一阶段：1989—1993 年，该阶段昆明市工业快速发展，工业用水量急剧增加，并大量从滇池直接抽取。大量的生产生活用水对滇池产生巨大的压力。

第二阶段：20世纪90年代后期，由于滇池流域内生态压力不断增加，政府开始对破坏的生态环境进行治理。其中，草海疏浚工程从1993年就开始进行，仅1998年在草海疏浚工程中就疏浚了草海底泥面积2.83km²、底泥424万m³，草海增容400多万m³，该工程使滇池水面面积得到了显著恢复。

第三阶段：2000年后，主要通过恢复滇池边上的生态湿地，使其对滇池水体进行自然净化。2008年后，这种修复工程得到强化，滇池的水面面积得以保持。

第四阶段：由于城市的快速发展，滇池流域的自供水已远远满足不了城市供水需求，政府在滇池流域建设实施了三大引水工程（即掌鸠河、清水海、牛栏江引水工程）向昆明调水，调水能力为9.43亿m³/a。该工程使昆明城市供水得到保障，滇池的水面面积也得以保持甚至扩大。

另外，从降水年际变化特征来看，20世纪70年代以前云南年降水量偏多，70年代后期开始减少，90年代中叶后年降水量又有所回升，2005年后年降水量又有减少的趋势。这些都对滇池整体水面面积的波动产生一定的影响。

异龙湖水面面积除在1989—1993年有少量增加外，表现为持续萎缩的趋势，尤其是在2007—2015年8年间水面面积减少了1/3，萎缩的范围主要集中在异龙湖的西部绝大部分地区。1989—2015年异龙湖水面面积变化情况如图5.4所示。

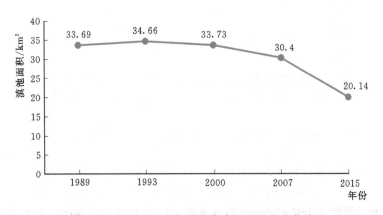

图5.4 1989—2015年异龙湖水面面积变化曲线

异龙湖水面面积减少的原因主要包括大量的工农业用水、围湖造田和干旱。

首先，异龙湖流域是人口稠密、经济发达的湖滨盆地，异龙湖是沿湖区域的工农业用水水源，同时其下泄水也是下游区域的灌溉水源。区域内以农业为主，现有耕地面积 11 万余亩，年用水量约 3000 万 m^3，城镇生活用水量较少，约 500 万 m^3。随着社会经济快速发展和城镇化进程加快，水资源供需矛盾日益突出。

其次，南岸部分湖湾围垦造田，共造田 14.27km^2，种植水稻、甘蔗等农作物。同时在湖的西部、北部，通过围垦滩地建造鱼塘，缩小了湖盆面积和容积，减小了湖滩湿地面积，也对异龙湖的水面面积产生了显著影响。

最后，在 2009—2012 年云南遭遇了严重的 4 年连旱，不仅冬春出现了严重干旱，夏季及秋季也出现了全省性的严重旱情。而异龙湖的主要入湖河流除城河有常流水外，其他均为季节性河流，异龙湖失去河流和降水补给，再加上异龙湖流域蒸发量大，从而加剧了异龙湖水面面积的萎缩程度。

5.2 水位变化

5.2.1 程海水位变化

1960—2013 年程海年平均水位变化曲线如图 5.5 所示。

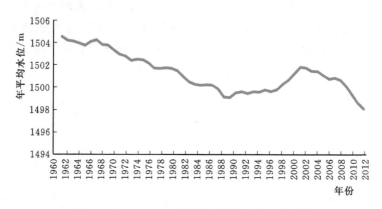

图 5.5　1960—2013 年程海年平均水位变化曲线

程海年平均水位从 1960 年到 2013 年总体呈现波动减少的趋势，年平均水位下降约 6m，每年下降约 0.12m，其中 1960—1990 年，年平均水位下降较为平缓，但在 1990—2004 年出现过明显的上升趋势，其后又出现快速下降的趋势。程海为封闭型湖泊，其来源水为湖面降水、流域内径流、地下水和仙人河的外流域引水，水量的输出主要为湖面蒸发、农田灌溉和工业用水。程海的入水量小于出水量是程海年平均水位下降的主要原因。

从 1960 年至 1990 年，由于干旱缺水形势的严峻，程海周边逐渐建立了大量的抽水站，这些电灌站每年从程海取水近千万立方米，灌溉面积近 2 万亩。20 世纪 60 年代年平均水位为 1503.98m，70 年代年平均水位为 1502.22m，80 年代年平均水位为 1500.20m，程海年平均水位整体呈下降趋势。

为了遏制程海年平均水位下降，1990 年开始建设跨流域仙人河隧道补水入海工程，1993 年完工后年引水近 4000 万 m^3，大大缓解了程海年平均水位的进一步下降。程海年平均水位从 1991 年的 1499.5m 恢复到 2005 年的 1501.4m，14 年间程海年平均水位上升了 1.9m。

从 2006 年至 2013 年 8 年间程海流域年平均降水量为 709.6mm，比多年平均年降水量少 7%，程海年平均水位呈持续下降趋势，程海年平均水位从最高 1501.76m 降至最低 1498.10m，降幅达 3.66m，出现了历史最低水位。

程海退化的原因既有自然因素，也有人类的影响因素。一方面，程海位于云贵高原的燥热河谷地带，干热风劲吹，湖面蒸发量较大，降水量少，土壤涵养水源能力差，流域内植被较少，水土流失严重，地表径流补给不足；另一方面，由于人口的快速增长，人们毁林开荒，程海流域的原始森林在近几百年间完全遭到破坏。由于开垦的田地采用原始的漫灌方式，需要大量用水，为了农田灌溉，建设了许多水利工程，截流了绝大部分原本注入程海的水源，是造成程海水位下降的重要原因之一。加之大量的程海水用于工农业生产，更加剧了程海水位的下降速度。

5.2.2　阳宗海水位变化

2008—2013 年阳宗海年平均水位变化曲线如图 5.6 所示。

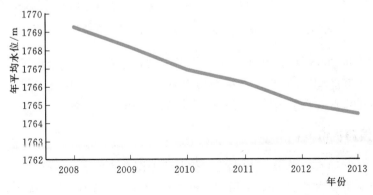

图 5.6　2008—2013 年阳宗海年平均水位变化曲线

阳宗海年平均水位呈现不断下降的趋势，由 2008 年的 1769.30m 下降到 2013 年的 1764.52m，5 年间下降了 4.78m。

5.2.3　滇池水位变化

2008—2013 年滇池年平均水位变化曲线如图 5.7 所示。

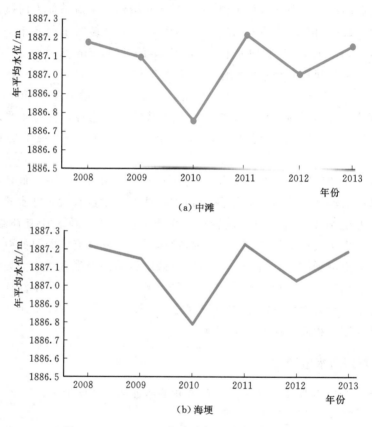

图 5.7　2008—2013 年滇池年平均水位变化曲线

滇池水位 2008 年与 2013 年相比相差不大，但在 5 年间出现了波动，变化主要发生在 2008—2010 年，年平均水位降低约 0.4m，随后水位又恢复至原来的水平，这一趋势在滇池的海埂和中滩水文站表现一致。

5.2.4　洱海水位变化

1952—2013 年洱海年平均水位变化曲线如图 5.8 所示。

洱海年平均水位总体上经历了一个先下降后上升的趋势，从 1952 年到 1982 年，洱海年平均水位由 1965.85m 下降到最低值 1962.79m，下降了约

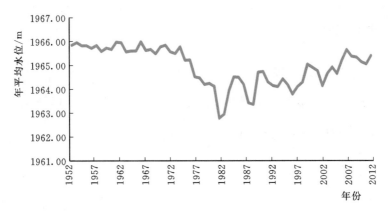

图 5.8 1952—2013 年洱海年平均水位变化曲线

3.06m；此后开始波动上升，到 2013 年，水位上升到 1965.42m。洱海承担着当地城市和农村的大量生产生活用水供给任务，支撑着流域社会经济的高速发展。由于持续干旱造成入湖水量严重不足，近年来洱海在低水位运行。

5.2.5 抚仙湖水位变化

1953—2013 年抚仙湖年平均水位变化曲线如图 5.9 所示。

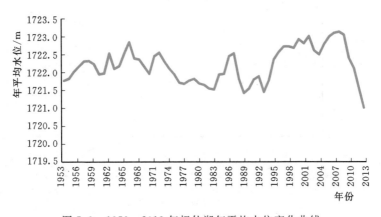

图 5.9 1953—2013 年抚仙湖年平均水位变化曲线

抚仙湖年平均水位呈不断的波动变化，主要在 1721.5～1723m 波动，在 1993 年之前波动幅度不大，在 1993 年之后变化幅度增大，分别出现了近 60 年的最高值（2008 年的 1723.14m）和最低值（2013 年的 1721.02m）。2008 年之后，由于连年大旱，抚仙湖年平均水位急速下降，已经降至法定最低水位以下，严重影响了抚仙湖流域的正常生产生活用水。

5.3　水量变化

5.3.1　杞麓湖水量变化

杞麓湖水位-面积关系曲线和水位-库容关系曲线如图 5.10 所示。

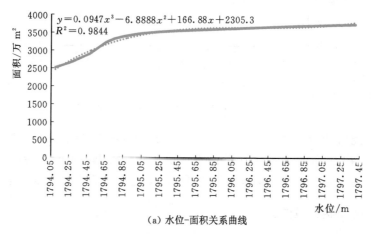

（a）水位-面积关系曲线

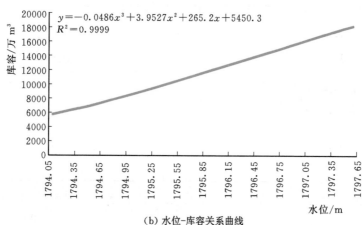

（b）水位-库容关系曲线

图 5.10　杞麓湖水位-面积关系曲线和水位-库容关系曲线

由图 5.10 可以看出，杞麓湖的水面面积与水位呈正比关系，R^2 为 0.98 以上，表明两者相关关系极为显著。在 1794.05～1794.95m 这个水位区间，两者关系为斜率较大的正比增加，表现为水面面积随着水位增加变化较大，约增加了 916 万 m^2，之后变化逐渐趋于平缓，水位升高 2.5m，相应的水面面积仅增加了 $305m^2$。

5.3.2 抚仙湖水量变化

抚仙湖水位-面积关系曲线和水位-库容关系曲线如图 5.11 所示。

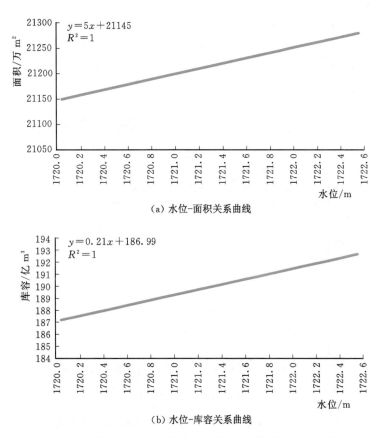

(a) 水位-面积关系曲线

(b) 水位-库容关系曲线

图 5.11 抚仙湖水位-面积关系曲线和水位-库容关系曲线

抚仙湖水位与水面面积及容积呈现出明显的线性相关,随着湖泊水位的不断升高,水面面积及水量匀速增加,湖泊水位由 1720m 上升到 1722.6m,水面面积增加约 130 万 m²,同时湖泊水量增加约 5.46 亿 m³,增长幅度较大。从图 5.11 中可以看出,抚仙湖的水面面积和水量变化趋势完全一致。

5.3.3 星云湖水量变化

星云湖水位-面积关系曲线和水位-库容关系曲线如图 5.12 所示。

星云湖水面面积与水位呈现出正比关系,R^2 达到 0.99 以上,表明两者关系极为显著,表现为水面面积随着水位增加变化较大,之后变化趋于平缓。

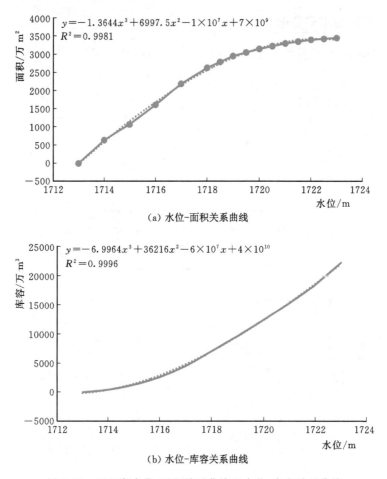

图 5.12　星云湖水位-面积关系曲线和水位-库容关系曲线

水量与水位呈正比关系，在水位为 1723m 时达到最大值（22133 万 m³）。

5.3.4　滇池水量变化

滇池水位-面积关系曲线和水位-库容关系曲线如图 5.13 所示。

滇池水面面积与水位表现为正相关关系，R^2 达到 0.9987，滇池水面面积随着湖泊水位升高而增加，但在增加过程中斜率并不一致，表现为 1885.8m 之前增加较快，1885.8～1887m 增加略慢，之后增速再次加快的趋势，1885.8～1887m 水面面积共增加 2611.64m²。滇池水量随水位升高变化较为稳定且显著性极高，当水位升高 2.5m 时，滇池水量增加约 73349 万 m³。

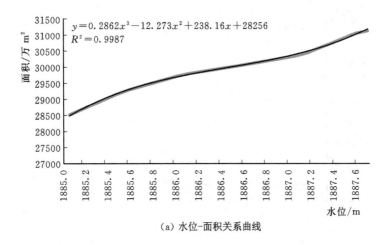

（a）水位-面积关系曲线

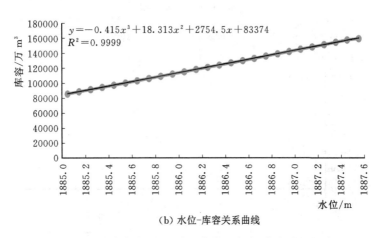

（b）水位-库容关系曲线

图 5.13　滇池水位-面积关系曲线和水位-库容关系曲线

5.3.5　异龙湖水量变化

异龙湖水位-面积关系曲线和水位-库容关系曲线如图 5.14 所示。

异龙湖水面面积随水位升高增加，但变化关系较为复杂。水位在 1408～1410.65m 区间时，水面面积变化较小，表现为缓慢增加的趋势，共增加约 8367 万 m^2，在 1411～1413m 区间时，水面面积增加速度加快，增加量约 13880 万 m^2，在这之后表现为急速增长的趋势，水位升高 2m，水面面积增加 27725 万 m^2。另外，异龙湖水量随水位升高表现为正比关系，在 1411m 之前，水量增加速度较慢，水位上升 3m，水量增加 11702 万 m^3，之后增幅加快，水位上升 4m，水量增加约 58270m^3。

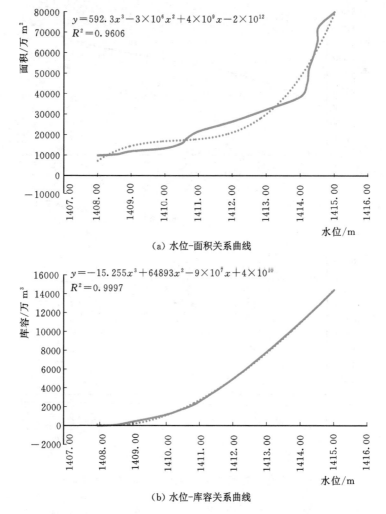

（a）水位-面积关系曲线

（b）水位-库容关系曲线

图 5.14　异龙湖水位-面积关系曲线和水位-库容关系曲线

5.3.6　阳宗海水量变化

阳宗海水位-面积关系曲线和水位-库容关系曲线如图 5.15 所示。

阳宗海水面面积与水位呈正比关系，其中水位在 1740.3～1741.8m 范围内时，水面面积增加较慢，增量约 150m 万 m²；而在 1741.8～1746.8m 区间时，水面面积增长明显加快，共增加 1280 万 m²，平均每米增加 256 万 m²；随后增速减慢，增长曲线趋于平缓。阳宗海水量变化趋势与异龙湖相似，在水位 1741.8m 之前，湖泊水量增长较慢，随后增长速度加快。

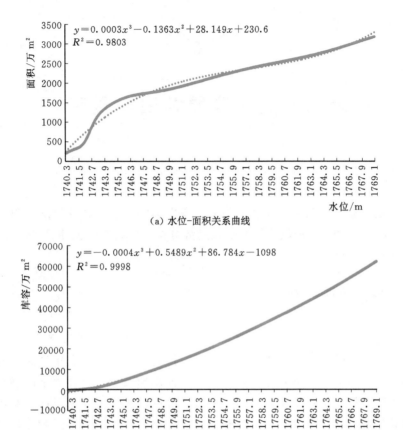

（a）水位-面积关系曲线

（b）水位-库容关系曲线

图 5.15　阳宗海水位-面积关系曲线和水位-库容关系曲线

6

云南省九大高原湖泊水质变化

根据九湖水污染情况和资料系列完整性的要求，选择九湖常规监测站点作水质变化趋势分析，分析项目为影响湖泊水质的主要指标，即高锰酸盐指数、氨氮、总磷和总氮共 4 项。另外，考虑某些湖泊的特殊情况，阳宗海增加砷、程海增加 pH 和氟化物的变化趋势分析。资料系列使用 2008—2015 年逐月水质监测成果。

6.1 滇池水质变化

滇池 6 个监测断面中，高锰酸盐指数变化趋势为：外草海中心、海埂、中滩及白鱼口断面各水期均为无趋势，断桥断面非汛期及全年呈高度显著下降趋势、汛期呈显著下降趋势，五水厂断面汛期及全年呈显著下降趋势、非汛期为无趋势。氨氮变化趋势为：中滩、白鱼口和五水厂断面各水期均为无趋势，断桥、外草海中心和海埂断面各水期均呈高度显著下降趋势。总磷变化趋势为：除五水厂断面汛期及非汛期呈显著下降趋势外，其余各断面各水期均呈高度显著下降趋势。总氮变化趋势为：五水厂断面各水期均为无趋势，白鱼口断面各水期均呈显著下降趋势，中滩断面非汛期呈显著下降趋势，其余断面各水期均呈高度显著下降趋势。

滇池各断面 Kendall 检验趋势分析评价结果见表 6.1。总体上看，滇池各主要污染物浓度总体呈下降趋势，水质好转。

表 6.1   滇池各断面 Kendall 检验趋势分析评价结果表

河湖名称	测站名称	时间系列	项目	全年 Z 值	全年趋势	汛期 Z 值	汛期趋势	非汛期 Z 值	非汛期趋势	监测次数
滇池	断桥	2008—2015 年	高锰酸盐指数	−3.4	高度显著下降	−1.47	显著下降	−3.29	高度显著下降	97
			氨氮	−5.75	高度显著下降	−3.59	高度显著下降	−4.5	高度显著下降	97
			总磷	−6.47	高度显著下降	−4.1	高度显著下降	−5.0	高度显著下降	97

续表

河湖名称	测站名称	时间系列	项目	全年Z值	全年趋势	汛期Z值	汛期趋势	非汛期Z值	非汛期趋势	监测次数
滇池	断桥	2008—2015年	总氮	−6.79	高度显著下降	−4.75	高度显著下降	−4.8	高度显著下降	97
	外草海中心	2008—2015年	高锰酸盐指数	0.47	无趋势	0.81	无趋势	−0.1	无趋势	96
			氨氮	−5.25	高度显著下降	−3.69	高度显著下降	−3.69	高度显著下降	96
			总磷	−7.32	高度显著下降	−4.7	高度显著下降	−5.61	高度显著下降	96
			总氮	−5.72	高度显著下降	−4.65	高度显著下降	−3.38	高度显著下降	96
	海埂	2008—2015年	高锰酸盐指数	−1.14	无趋势	−1.26	无趋势	−0.3	无趋势	97
			氨氮	−5.68	高度显著下降	−4.29	高度显著下降	−3.69	高度显著下降	97
			总磷	−8.11	高度显著下降	−6.21	高度显著下降	−5.2	高度显著下降	97
			总氮	−6.58	高度显著下降	−4.09	高度显著下降	−5.16	高度显著下降	97
	白鱼口	2008—2015年	高锰酸盐指数	0.64	无趋势	−0.05	无趋势	1.01	无趋势	97
			氨氮	−0.93	无趋势	−0.76	无趋势	−0.51	无趋势	97
			总磷	−7.43	高度显著下降	−5.06	高度显著下降	−5.4	高度显著下降	97
			总氮	−2.43	显著下降	−1.62	显著下降	−1.77	显著下降	97
	中滩	2008—2015年	高锰酸盐指数	−0.25	无趋势	−0.41	无趋势	0.0	无趋势	96
			氨氮	−1.0	无趋势	−0.96	无趋势	−0.4	无趋势	96
			总磷	−6.08	高度显著下降	−3.64	高度显著下降	−4.9	高度显著下降	96
			总氮	−3.68	高度显著下降	−3.84	高度显著下降	−1.31	显著下降	96
	五水厂	2008—2015年	高锰酸盐指数	−2.53	显著下降	−2.81	显著下降	−0.7	无趋势	95
			氨氮	0.78	无趋势	0.14	无趋势	0.89	无趋势	95
			总磷	−3.7	高度显著下降	−2.49	显著下降	−2.68	显著下降	95
			总氮	0.05	无趋势	−0.57	无趋势	0.57	无趋势	95

6.2 洱海水质变化

洱海 6 个监测断面中，高锰酸盐指数变化趋势为：崇益断面各水期均呈显著上升趋势，才村和海印断面全年呈高度显著上升趋势、汛期及非汛期呈显著上升趋势，桃园和团山断面全年及非汛期呈显著上升趋势、汛期为无趋势，海东断面全年及非汛期呈高度显著上升趋势、汛期呈显著上升趋势。氨氮变化趋势为：桃园断面汛期、海东和团山断面全年及汛期呈显著下降趋势，其余断面各水期均为无趋势。总磷变化趋势为：除才村和海印断面各水期均为无趋势，海东断面全年呈高度显著下降外，其余断面各水期均呈显著下降趋势。总氮变化趋势为：崇益、才村和海东断面各水期均为无趋势，桃园和团山断面全年及汛期呈显著下降趋势、非汛期为无趋势。

洱海各断面 Kendall 检验趋势分析评价结果见表 6.2。总体上看，洱海高锰酸盐指数总体呈上升趋势，氨氮、总磷和总氮多呈无趋势和显著下降趋势。

表 6.2 　　　　　洱海各断面 Kendall 检验趋势分析评价结果表

河湖名称	测站名称	时间系列	项目	全年 Z 值	全年趋势	汛期 Z 值	汛期趋势	非汛期 Z 值	非汛期趋势	监测次数
洱海	崇益	2008—2015 年	高锰酸盐指数	2.72	显著上升	2.26	显著上升	1.52	显著上升	49
			氨氮	−0.71	无趋势	−0.72	无趋势	−0.21	无趋势	49
			总磷	−2.96	显著下降	−2.72	显著下降	−1.38	显著下降	49
			总氮	−0.71	无趋势	−0.21	无趋势	−0.72	无趋势	49
	才村	2008—2015 年	高锰酸盐指数	3.41	高度显著上升	2.62	显著上升	2.12	显著上升	49
			氨氮	0.56	无趋势	0.0	无趋势	0.72	无趋势	49
			总磷	−0.21	无趋势	0.0	无趋势	−0.36	无趋势	49
			总氮	−0.1	无趋势	−0.43	无趋势	0.21	无趋势	49
	桃园	2008—2015 年	高锰酸盐指数	2.11	显著上升	0.94	无趋势	1.97	显著上升	49
			氨氮	−0.81	无趋势	−1.65	显著下降	0.43	无趋势	49
			总磷	−2.71	显著下降	−2.02	显著下降	−1.74	显著下降	49
			总氮	−1.87	显著下降	−1.79	显著下降	−0.79	无趋势	49
	海印	2008—2015 年	高锰酸盐指数	3.47	高度显著上升	2.83	显著上升	2.02	显著上升	49
			氨氮	−0.78	无趋势	−0.72	无趋势	−0.3	无趋势	49

河湖名称	测站名称	时间系列	项目	全年 Z 值	全年趋势	汛期 Z 值	汛期趋势	非汛期 Z 值	非汛期趋势	监测次数
洱海	海印	2008—2015 年	总磷	−1.12	无趋势	−0.5	无趋势	−1.01	无趋势	49
			总氮	−2.17	显著下降	−0.79	无趋势	−2.21	显著下降	49
	海东	2008—2015 年	高锰酸盐指数	3.8	高度显著上升	2.03	显著上升	3.28	高度显著上升	49
			氨氮	−2.44	显著下降	−2.36	显著下降	−0.99	无趋势	49
			总磷	−3.31	高度显著下降，	−2.08	显著下降	−2.53	显著下降	49
			总氮	−0.3	无趋势	−0.58	无趋势	0.07	无趋势	49
	团山	2008—2015 年	高锰酸盐指数	2.55	显著上升	1.09	无趋势	2.46	显著上升	96
			氨氮	−1.58	显著下降	−1.93	显著下降	−0.25	无趋势	96
			总磷	−2.69	显著下降	−2.2	显著下降	−1.54	显著下降	96
			总氮	−1.32	显著下降	−1.47	显著下降	−0.35	无趋势	96

6.3 抚仙湖水质变化

抚仙湖 5 个监测断面中，高锰酸盐指数变化趋势为：隔河和禄充断面各水期均为无趋势，海口断面全年及非汛期呈高度显著上升趋势、汛期呈显著上升趋势，孤山湖心断面全年、汛期及非汛期均呈显著上升趋势，新河口断面全年及汛期呈显著下降趋势、非汛期为无趋势。氨氮变化趋势为：海口、孤山湖心和禄充断面全年及汛期呈显著下降趋势、非汛期均为无趋势，隔河断面各水期均为无趋势，新河口断面汛期、非汛期及全年均呈显著下降趋势。总磷变化趋势为：孤山湖心和禄充断面各水期均为无趋势，海口断面汛期、非汛期及全年均呈显著下降趋势，隔河断面全年呈高度显著下降趋势、汛期呈显著下降趋势、非汛期为无趋势，新河口断面全年及汛期呈显著下降趋势、非汛期为无趋势。总氮变化趋势为：孤山湖心、隔河和新河口断面各水期均为无趋势，海口断面全年及非汛期呈显著上升趋势、汛期为无趋势，禄充断面汛期呈显著下降趋势、全年及非汛期为无趋势。

抚仙湖各断面 Kendall 检验趋势分析评价结果见表 6.3。总体上看，抚仙湖除海口断面高锰酸盐指数和总氮总体呈上升趋势外，其余断面各指标多呈下降趋势或为无趋势。

表6.3　　　　　　　　抚仙湖各断面 Kendall 检验趋势分析评价结果表

河湖名称	测站名称	时间系列	项目	全年 Z 值	全年趋势	汛期 Z 值	汛期趋势	非汛期 Z 值	非汛期趋势	监测次数
抚仙湖	海口	2008—2015年	高锰酸盐指数	3.77	高度显著上升	1.75	显著上升	3.53	高度显著上升	96
			氨氮	−1.34	显著下降	−1.56	显著下降	−0.23	无趋势	96
			总磷	−1.53	显著下降	−0.87	显著下降	−1.23	显著下降	96
			总氮	1.32	显著上升	−1.01	无趋势	2.93	显著上升	96
	孤山湖心	2008—2015年	高锰酸盐指数	1.31	显著上升	0.95	显著上升	0.84	显著上升	96
			氨氮	−1.72	显著下降	−2.01	显著下降	−0.08	无趋势	96
			总磷	0.0	无趋势	0.0	无趋势	0.0	无趋势	96
			总氮	0.61	无趋势	0.05	无趋势	0.93	无趋势	96
	隔河	2008—2015年	高锰酸盐指数	0.89	无趋势	0.18	无趋势	1.03	无趋势	84
			氨氮	0.0	无趋势	0.38	无趋势	−0.34	无趋势	84
			总磷	−5.46	高度显著下降	−2.96	显著下降	0.0	无趋势	84
			总氮	0.25	无趋势	0.12	无趋势	0.18	无趋势	84
	禄充	2008—2015年	高锰酸盐指数	0.94	无趋势	0.0	无趋势	1.26	无趋势	53
			氨氮	−2.12	显著下降	−1.97	显著下降	−0.84	无趋势	53
			总磷	−0.91	无趋势	−1.11	无趋势	0.0	无趋势	53
			总氮	−1.22	无趋势	−1.51	显著下降	−0.14	无趋势	53
	新河口	2008—2015年	高锰酸盐指数	−1.38	显著下降	−1.3	显著下降	−0.58	无趋势	53
			氨氮	−1.3	显著下降	−1.15	显著下降	−0.61	显著下降	53
			总磷	−1.99	显著下降	−1.43	显著下降	−1.28	无趋势	53
			总氮	1.06	无趋势	0.36	无趋势	1.07	无趋势	53

6.4　程海水质变化

程海4个监测断面中，高锰酸盐指数变化趋势为：河口街、湖心和半海子断面全年及非汛期呈高度显著上升趋势、汛期呈显著上升趋势，东岩村断面全年呈高度显著上升趋势、汛期及非汛期呈显著上升趋势。氨氮变化趋势为：各断面各水期均为无趋势。总磷变化趋势为：河口街、湖心和半海子断面全年及汛期呈显著上升趋势、非汛期为无趋势，东岩村断面各水期均为无趋势。总氮变化趋势为：湖心和半海子断面各水期均为无趋势，河口街断面全年及非汛期呈显著上升趋势、汛期为无趋势，东岩村断面全年及汛期呈显著上升趋势、非汛期为无趋势。

针对程海 pH 和氟化物污染突出的问题，分别对其变化趋势进行了分析。pH 各断面全年及汛期呈显著上升趋势、非汛期为无趋势；氟化物各断面全年及汛期呈高度显著上升趋势，除半海子断面非汛期为无趋势外，其余断面非汛期均呈显著上升趋势。

程海各断面 Kendall 检验趋势分析评价结果见表 6.4。总体上看，程海除氨氮各断面均为无趋势外，其余指标多呈上升趋势，程海总体水质仍在下降。

表 6.4　　　　　　　　程海各断面 Kendall 检验趋势分析评价结果表

河湖名称	测站名称	时间系列	项目	全年 Z 值	全年趋势	汛期 Z 值	汛期趋势	非汛期 Z 值	非汛期趋势	监测次数
程海	河口街	2008—2015 年	高锰酸盐指数	4.43	高度显著上升	2.51	显著上升	3.66	高度显著上升	48
			氨氮	0.71	无趋势	0.77	无趋势	0.21	无趋势	48
			总磷	1.82	显著上升	1.67	显著上升	0.86	无趋势	48
			总氮	1.46	显著上升	0.07	无趋势	1.93	显著上升	48
			pH	1.92	显著上升	2.62	显著上升	0.0	无趋势	48
			氟化物	3.29	高度显著上升	3.15	高度显著上升	1.43	显著上升	48
	湖心	2008—2015 年	高锰酸盐指数	4.35	高度显著上升	2.02	显著上升	4.07	高度显著上升	49
			氨氮	0.91	无趋势	0.08	无趋势	1.21	无趋势	49
			总磷	1.78	显著上升	1.59	显著上升	0.86	无趋势	49
			总氮	1.26	无趋势	1.07	无趋势	0.64	无趋势	49
			pH	1.61	显著上升	2.11	显著上升	0.09	无趋势	49
			氟化物	3.84	高度显著上升	3.87	高度显著上升	1.5	显著上升	49
	东岩村	2008—2015 年	高锰酸盐指数	3.95	高度显著上升	2.6	显著上升	2.91	显著上升	48
			氨氮	−0.69	无趋势	−0.3	无趋势	−0.6	无趋势	48
			总磷	1.22	无趋势	0.5	无趋势	1.15	无趋势	48
			总氮	1.92	显著上升	1.58	显著上升	1.07	无趋势	48

续表

河湖名称	测站名称	时间系列	项目	全年Z值	全年趋势	汛期Z值	汛期趋势	非汛期Z值	非汛期趋势	监测次数
程海	东岩村	2008—2015年	pH	1.75	显著上升	2.14	显著上升	0.26	无趋势	48
			氟化物	4.3	高度显著上升	3.79	高度显著上升	2.23	显著上升	48
	半海子	2008—2015年	高锰酸盐指数	4.87	高度显著上升	2.88	显著上升	3.95	高度显著上升	48
			氨氮	0.56	无趋势	0.93	无趋势	−0.07	无趋势	48
			总磷	1.68	显著上升	2.18	显著上升	0.14	无趋势	48
			总氮	0.25	无趋势	0.36	无趋势	0.07	无趋势	48
			pH	1.93	显著上升	2.4	显著上升	0.26	无趋势	48
			氟化物	3.41	高度显著上升	3.64	高度显著上升	1.09	无趋势	48

6.5　泸沽湖水质变化

　　泸沽湖 3 个监测断面中，高锰酸盐指数变化趋势为：湖心断面汛期呈显著上升趋势、全年及非汛期为无趋势，李格断面各水期均为无趋势，落水断面全年及汛期呈显著上升趋势、非汛期无趋势。氨氮变化趋势为：除李格断面汛期显著下降外，其余断面各水期均为无趋势。总磷、总氮变化趋势为：各断面各水期均为无趋势。

　　泸沽湖各断面 Kendall 检验趋势分析评价结果见表 6.5。总体上看，泸沽湖除湖心和落水断面高锰酸盐指数在汛期呈显著上升趋势外，其余指标多呈无趋势，泸沽湖水质总体平稳。

表 6.5　　泸沽湖各断面 Kendall 检验趋势分析评价结果表

河湖名称	测站名称	时间系列	项目	全年Z值	全年趋势	汛期Z值	汛期趋势	非汛期Z值	非汛期趋势	监测次数
泸沽湖	湖心	2008—2015年	高锰酸盐指数	1.1	无趋势	1.68	显著上升	−0.07	无趋势	56
			氨氮	0.09	无趋势	−0.39	无趋势	0.35	无趋势	56
			总磷	0.0	无趋势	0.0	无趋势	0.0	无趋势	56
			总氮	0.17	无趋势	0.09	无趋势	0.08	无趋势	56

续表

河湖名称	测站名称	时间系列	项目	全年 Z 值	全年趋势	汛期 Z 值	汛期趋势	非汛期 Z 值	非汛期趋势	监测次数
泸沽湖	李格	2008—2015 年	高锰酸盐指数	1.23	无趋势	0.83	无趋势	0.83	无趋势	56
			氨氮	−0.56	无趋势	−1.61	显著下降	1.07	无趋势	56
			总磷	0.0	无趋势	0.0	无趋势	0.0	无趋势	56
			总氮	−0.27	无趋势	−0.46	无趋势	0.0	无趋势	56
	落水	2008—2015 年	高锰酸盐指数	1.6	显著上升	1.53	显著上升	0.63	无趋势	56
			氨氮	−0.51	无趋势	−0.43	无趋势	−0.2	无趋势	56
			总磷	0.0	无趋势	0.0	无趋势	0.0	无趋势	56
			总氮	0.21	无趋势	−0.22	无趋势	0.61	无趋势	56

6.6 杞麓湖水质变化

杞麓湖 4 个监测断面中，高锰酸盐指数变化趋势为：湖心断面全年呈高度显著上升趋势、汛期及非汛期呈显著上升趋势，落水洞断面全年及非汛期呈显著上升趋势、汛期为无趋势，泄洪闸断面各水期均为无趋势，湖管站断面全年及汛期呈高度显著上升趋势、非汛期呈显著上升趋势。氨氮变化趋势为：湖心和落水洞断面全年及汛期均为无趋势、非汛期呈显著上升趋势，泄洪闸断面各水期均为无趋势，湖管站断面全年及非汛期呈高度显著上升趋势、汛期呈显著上升趋势。总磷变化趋势为：湖心断面全年及汛期呈显著下降趋势、非汛期为无趋势，落水洞断面全年及汛期呈高度显著上升趋势、非汛期呈显著上升趋势，泄洪闸断面各水期均为无趋势，湖管站断面各水期均呈高度显著上升趋势。总氮变化趋势为：湖心断面全年及非汛期呈显著上升趋势、汛期为无趋势，落水洞断面全年呈高度显著上升趋势、汛期及非汛期呈显著上升趋势，泄洪闸断面各水期均为无趋势，湖管站断面各水期均呈高度显著上升趋势。

杞麓湖各断面 Kendall 检验趋势分析评价结果见表 6.6。总体来看，杞麓湖除泄洪闸断面各指标各水期均为无趋势外，其余指标各水期多呈上升趋势，杞麓湖水质仍在下降。

表 6.6　　　　　　　杞麓湖各断面 Kendall 检验趋势分析评价结果表

河湖名称	测站名称	时间系列	项目	全年 Z 值	全年趋势	汛期 Z 值	汛期趋势	非汛期 Z 值	非汛期趋势	监测次数
杞麓湖	湖心	2008—2015 年	高锰酸盐指数	3.32	高度显著上升	2.65	显著上升	1.96	显著上升	77
			氨氮	1.12	无趋势	0.0	无趋势	1.49	显著上升	77
			总磷	−2.14	显著下降	−1.69	显著下降	−1.25	无趋势	77
			总氮	1.55	显著上升	0.75	无趋势	1.39	显著上升	77
	落水洞	2008—2015 年	高锰酸盐指数	2.15	显著上升	0.65	无趋势	2.29	显著上升	36
			氨氮	0.79	无趋势	−0.65	无趋势	1.99	显著上升	36
			总磷	4.46	高度显著上升	3.82	高度显著上升	2.39	显著上升	36
			总氮	3.3	高度显著上升	2.17	显著上升	2.39	显著上升	36
	泄洪闸	2008—2015 年	高锰酸盐指数	0.71	无趋势	0.0	无趋势	0.0	无趋势	13
			氨氮	0.71	无趋势	0.0	无趋势	0.0	无趋势	13
			总磷	0.71	无趋势	0.0	无趋势	0.0	无趋势	13
			总氮	0.71	无趋势	0.0	无趋势	0.0	无趋势	13
	湖管站	2008—2015 年	高锰酸盐指数	4.29	高度显著上升	3.14	高度显著上升	2.88	显著上升	96
			氨氮	3.77	高度显著上升	2.07	显著上升	3.22	高度显著上升	96
			总磷	7.46	高度显著上升	4.8	高度显著上升	5.71	高度显著上升	96
			总氮	4.94	高度显著上升	3.14	高度显著上升	3.8	高度显著上升	96

6.7　星云湖水质变化

星云湖 2 个监测断面中，高锰酸盐指数变化趋势为：湖心和海门桥断面各水期均呈高度显著上升趋势。氨氮变化趋势为：湖心断面各水期均为无趋势，海门桥断面全年及汛期呈显著上升趋势、非汛期为无趋势。总磷变化趋势为：湖心断面全年呈高度显著上升趋势、汛期及非汛期呈显著上升趋势，海门桥断面全年及汛期呈高度显著上升趋势、非汛期呈显著上升趋势。总氮变化趋势为：湖心和海门桥断面全年及汛期呈高度显著上升趋势、非汛期呈显著上升趋势。

星云湖各断面 Kendall 检验趋势分析评价结果见表 6.7。总体来看，星云湖除湖心断面氨氮各水期均为无趋势外，其余断面各水期多呈上升趋势，星云湖水质仍在下降。

表 6.7　　星云湖各断面 Kendall 检验趋势分析评价结果表

河湖名称	测站名称	时间系列	项目	全年 Z 值	全年趋势	汛期 Z 值	汛期趋势	非汛期 Z 值	非汛期趋势	监测次数
星云湖	湖心	2008—2015 年	高锰酸盐指数	6.34	高度显著上升	4.25	高度显著上升	4.68	高度显著上升	87
			氨氮	−1.21	无趋势	−0.83	无趋势	−0.8	无趋势	87
			总磷	3.23	高度显著上升	2.65	显著上升	1.84	显著上升	87
			总氮	4.12	高度显著上升	4.08	高度显著上升	1.6	显著上升	87
	海门桥	2008—2015 年	高锰酸盐指数	5.95	高度显著上升	3.65	高度显著上升	4.71	高度显著上升	96
			氨氮	1.76	显著上升	1.46	显著上升	0.96	无趋势	96
			总磷	3.89	高度显著上升	3.12	高度显著上升	2.34	显著上升	96
			总氮	4.41	高度显著上升	4.2	高度显著上升	1.98	显著上升	96

6.8　异龙湖水质变化

异龙湖 2 个监测断面中，高锰酸盐指数变化趋势为：坝心和湖心断面各水期均呈高度显著上升趋势。氨氮变化趋势为：坝心和湖心断面各水期均为无趋势。总磷变化趋势为：坝心和湖心断面各水期均为无趋势。总氮变化趋势为：坝心和湖心断面各水期均为无趋势。

异龙湖各断面 Kendall 检验趋势分析评价结果见表 6.8。总体上看，异龙湖各指标各水期多呈上升趋势或无为趋势，异龙湖水质仍在下降。

表 6.8　　　　　　　异龙湖各断面 Kendall 检验趋势分析评价结果表

河湖名称	测站名称	时间系列	项目	全年 Z 值	全年趋势	汛期 Z 值	汛期趋势	非汛期 Z 值	非汛期趋势	监测次数
异龙湖	坝心	2008—2015 年	高锰酸盐指数	6.86	高度显著上升	5.26	高度显著上升	4.39	高度显著上升	96
			氨氮	0.32	无趋势	0.4	无趋势	0.0	无趋势	96
			总磷	1.41	无趋势	0.73	无趋势	1.21	无趋势	96
			总氮	0.21	无趋势	0.56	无趋势	−0.2	无趋势	96
	湖心	2008—2015 年	高锰酸盐指数	5.11	高度显著上升	3.44	高度显著上升	3.72	高度显著上升	56
			氨氮	1.16	无趋势	1.07	无趋势	0.5	无趋势	56
			总磷	1.56	无趋势	1.06	无趋势	1.07	无趋势	56
			总氮	0.1	无趋势	0.0	无趋势	0.21	无趋势	56

6.9　阳宗海水质变化

阳宗海 2 个监测断面中，高锰酸盐指数变化趋势为：湖心断面各水期均呈高度显著上升趋势，汤池断面各水期均为无趋势。氨氮变化趋势为：汤池及湖心断面全年及汛期为无趋势、非汛期呈显著上升趋势。总磷变化趋势为：汤池断面全年及汛期呈高度显著下降趋势、非汛期呈显著下降趋势，湖心断面全年及非汛期呈显著下降趋势、汛期为无趋势。总氮变化趋势为：汤池断面各水期均为无趋势，湖心断面各水期均呈显著上升趋势。

针对阳宗海砷污染问题，增加砷浓度变化趋势分析，阳宗海汤池断面各水期均呈显著下降趋势，湖心断面全年及非汛期呈高度显著下降趋势、汛期呈显著下降趋势。

阳宗海各断面 Kendall 检验趋势分析评价结果见表 6.9。总体上看，阳宗海除总磷和砷多呈显著下降趋势外，其余指标则多呈显著上升趋势，由此可见，阳宗海各主要污染物浓度总体呈上升趋势，水质仍在下降。

表 6.9　　　　　　　阳宗海各断面 Kendall 检验趋势分析评价结果表

河湖名称	测站名称	时间系列	项目	全年 Z 值	全年趋势	汛期 Z 值	汛期趋势	非汛期 Z 值	非汛期趋势	监测次数
阳宗海	汤池	2008—2015 年	高锰酸盐指数	1.37	无趋势	1.07	无趋势	0.82	无趋势	96
			氨氮	0.45	无趋势	−0.61	无趋势	1.37	显著上升	96

河湖名称	测站名称	时间系列	项目	全年Z值	全年趋势	汛期Z值	汛期趋势	非汛期Z值	非汛期趋势	监测次数
阳宗海	汤池	2008—2015年	总磷	−3.69	高度显著下降	−3.34	高度显著下降	−1.83	显著下降	96
			总氮	0.36	无趋势	−0.73	无趋势	1.26	无趋势	96
			砷	−2.68	显著下降	−1.57	显著下降	−2.17	显著下降	96
	湖心	2008—2015年	高锰酸盐指数	4.85	高度显著上升	3.61	高度显著上升	3.18	高度显著上升	93
			氨氮	1.08	无趋势	0.21	无趋势	1.39	显著上升	93
			总磷	−2.73	显著下降	−1.09	无趋势	−2.74	显著下降	93
			总氮	2.46	显著上升	1.35	显著上升	2.08	显著上升	93
			砷	−4.42	高度显著下降	−2.18	显著下降	−4.08	高度显著下降	93

云南高原湖泊水资源动态测报系统建设

7.1 系统目标与设计原则

7.1.1 总体目标

云南高原湖泊水资源动态测报系统充分利用了地理信息系统技术、遥感技术和网络信息技术,并集成了遥感反演算法和融合算法,主要功能包括:①水资源监测数据统计分析;②遥感数据的自动下载和管理;③多源遥感数据湖泊水量和水质自动反演;④多源遥感反演结果与监测数据的展示;⑤依据遥感反演的水量和水质结果进行水资源量的空间可视化展示。该系统可提高高原湖泊水资源量的测报能力,为全面及时地掌握高原湖泊的水资源状况(湖泊水量和水质空间分布及变化)提供有力技术支撑,为高原湖泊水资源的精细化管理决策等提供科学依据。

7.1.2 设计原则

(1)实用原则。云南高原湖泊水资源动态测报系统建设应以需求为导向、以应用促发展,系统建设是否成功以是否能够真正辅助水利部门精细化管理九湖流域的水资源,提升水资源动态调控的科学性、合理性和效率为衡量准则。

(2)先进原则。在保证信息化成果实用、可靠的基础上,充分借鉴已有系统的建设经验,引入当前主流、先进的技术;大胆进行技术和应用创新,坚持把自主创新作为重要支撑;确保信息化水平处在国内先进行列,延长信息化成果的生命周期,提高信息化建设的效果。

(3)统一原则。云南高原湖泊水资源动态测报系统通过统一领导、统筹规划、合理布局,将各大高原湖泊数据全部使用同一平台接入,做到系统同一、数据统一、平台统一。

7.1.3 功能体系

云南高原湖泊水资源动态测报系统的总体功能体系如图 7.1 所示,由数据管理模块、自动化服务参数配置模块、水资源数据反演融合模块、水资源数据查询统计模块以及系统管理模块五大部分构成。

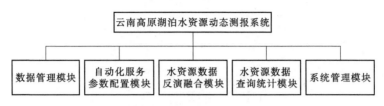

图 7.1 系统总体功能体系

（1）数据管理模块。该模块提供站点监测数据录入维护、站点监测数据收割、监测站点信息维护、遥感影像下载以及遥感影像元数据维护等功能。该模块是系统的基础模块，主要负责提供水资源相关原始数据以及支撑系统正常运行。

（2）自动化服务参数配置模块。该模块提供系统自动化运营的参数配置功能，包括自动执行反演融合功能的参数设置等。

（3）水资源数据反演融合模块。该模块是系统的核心功能模块，具体功能包括水资源反演、水资源反演数据与水资源监测站点数据融合以及反演融合结果自动发布空间服务。

（4）水资源数据查询统计模块。该模块提供地面观测获取的水资源数据的查询统计、反演融合后水资源状况空间化展示、水资源状况时序化展示以及专题图打印下载功能。

（5）系统管理模块。该模块提供系统用户编辑、权限编辑以及角色编辑功能，仅面向超级管理员用户。

7.2 系统总体架构

7.2.1 系统总体框架

云南高原湖泊水资源动态测报系统总体框架如图 7.2 所示，系统由多源原始数据管理、反演融合算法调用、水资源相关数据管理、水资源数据展示与应用四大部分组成。

几者之间的关系是：基础地理数据、多源遥感影像数据、地面站点监测数据等是系统的基础，遥感反演和数据融合算法是系统的重要支撑，在这两者的支持下进行遥感反演和数据融合计算获取的水资源状况是系统的核心，水资源状况的展示与应用是系统的建设目的。

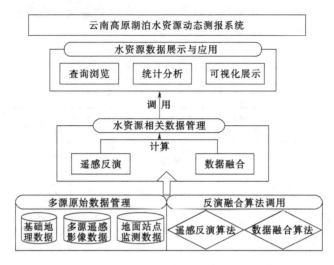

图 7.2　云南高原湖泊水资源动态测报系统总体框架

7.2.2　系统逻辑架构

从纵向逻辑上，云南高原湖泊水资源动态测报系统自底向上包括 6 层，即基础设施层、数据资源层、模型算法层、功能层、服务层和用户层，如图 7.3 所示。

（1）基础设施层：是系统赖以存在和运行的载体，主要包括用于数据采集分析的设备、海量存储设备、高性能计算设备、网络/通信/导航定位设备等以及支撑这些硬件设备运行的必要软件平台。

（2）数据资源层：主要包括支撑系统运行和管理的相关数据资源，具体有基础地理数据、地面站点监测数据、水资源反演和融合数据、多源遥感影像数据、系统用户数据等。

（3）模型算法层：是系统的重要支撑，包括支撑系统进行水资源状况反演、数据融合等需要的模型和算法，具体有水资源反演和融合算法等。

（4）功能层：提供与系统运维管理相关的功能，保障系统正常使用，包括用户注册登录和认证管理、遥感反演模型管理和运行状态管理等。

（5）服务层：提供水资源状况展示、应用服务和网络服务，包含水资源数据反演和融合、水资源状况的统计查询、水资源状况的空间化展示、专题图表在线浏览及打印下载和地面监测站点数据收割汇交服务等。

（6）用户层：包含系统的运行管理用户和终端应用用户，具体有系统维护人员、系统监测用户等。

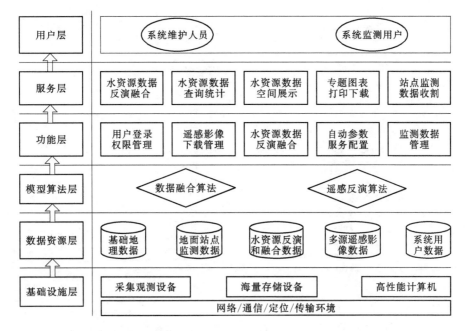

图 7.3　云南高原湖泊水资源动态测报系统逻辑架构图

7.3　系统数据库建设

7.3.1　数据库概念设计

7.3.1.1　数据内容分析

支撑系统运行和管理的相关数据资源包括基础地理数据、地面站点监测数据、水资源反演和融合数据、多源遥感影像数据、系统用户数据、遥感影像自动下载参数数据、自动反演融合参数数据等。

属性数据都存储在数据库中，由于遥感影像数据以及反演融合数据庞大，导入空间数据库所需时间过长，且不利于维护，因此采用文件形式存放。基础地理数据量较小，也以文件形式存放。

7.3.1.2　数据库 E－R 图

数据库应包含用户对象、监测站点对象、监测站点信息对象、水资源反演融合数据对象、遥感影像元数据对象以及遥感影像自动下载参数对象、自动反演融合参数对象等，具体的实体-联系（E－R）如图 7.4～图 7.6 所示。

t_oper_imagemetadata
id: int4
imdname: varchar (0)
imddate: date
imdadrs: varchar (0)
tmdthumd: varchar (0)
imdperiod: int4
imdsheetno: varchar (0)
imdtype: varchar (0)

图 7.4　遥感影像元数据表

159

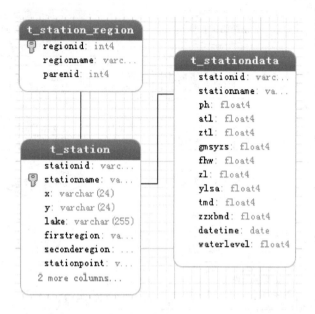

图 7.5　水资源监测站点表、水资源监测数据表和行政区划表

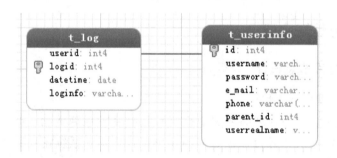

图 7.6　用户信息表和日志记录表

7.3.2　数据库逻辑设计

7.3.2.1　数据库表设计

　　数据库主要包含基本表、参数配置表、数据表和字典表。基本表包括用户信息表、日志记录表。参数配置表包括遥感影像自动下载参数配置表、水资源监测数据收割参数表。数据表包括遥感影像元数据表、水资源监测数据表、水资源反演数据表、水资源融合数据表和水资源数据表。字典表包括行政区划表、水资源监测站点表。

7.3.2.2　数据库表结构设计

　　（1）数据库基本表。数据库基本表见表7.1。

表 7.1   **数 据 库 基 本 表**

用户信息表 T_UserInfo	日志记录表 T_Log

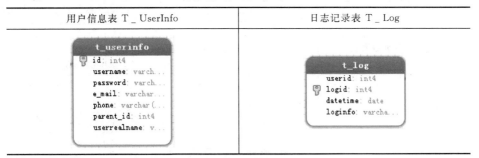

（2）数据库字典表。数据库字典表见表 7.2。

表 7.2   **数 据 库 字 典 表**

行政区划表 T_Region	水资源监测站点表 T_Station

（3）数据库参数配置表。数据库参数配置表见表 7.3。

表 7.3   **数 据 库 参 数 配 置 表**

遥感影像自动下载参数配置表 T_ImageDownladParams	水资源监测数据收割参数表 T_Reapparameter

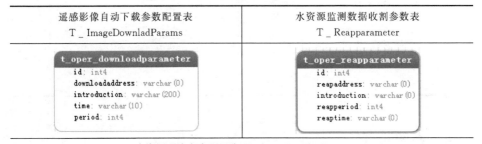

水资源反演方案配置表 T_InversionPlanParam

（4）数据库数据存储表。数据库数据存储表见表 7.4。

表 7.4 　　　　　　　　　　数 据 库 数 据 存 储 表

遥感影像元数据表 T_ImageMetaData	遥感影像下载状态表 T_ImageTaskStatus	水资源监测数据表 T_StationMonitorData

t_region
lid: numeric
adminid: numeric
adminname: varc...
parentid: numeric

t_oper_imagetaskstatus
id: int4
dplanname: varchar(0)
dtime: timestamp
ftime: timestamp
dstatus: varchar(0)
sstatus: varchar(0)
memo: varchar(0)
details: varchar(0)

t_stationdata
stationid: varc...
stationname: va...
ph: float4
atl: float4
rtl: float4
gmsyzs: float4
fhw: float4
rl: float4
ylsa: float4
tmd: float4
zzxbmd: float4
datetime: date
waterlevel: float4

水资源反演数据表	水资源融合数据表

t_oper_soilmoisturedatainversion
id: int4
smdiname: varchar(0)
smdistarttime: timestamp
smdiendtime: timestamp
smdifieldadrs: varchar(0)
bservice: bool
smdistatus: varchar(0)
taskid: int4

t_oper_soilmoisturedatafusion
id: int4
smdfname: varchar(0)
smdfstarttime: timestamp
smdfendtime: timestamp
smdiid: int4
smdfmonitorno: int4
smdffileadrs: varchar(0)
bservice: bool
smdfstatus: varchar(0)

7.4　系统实现

云南高原湖泊水资源动态测报系统经过多次专家讨论，并根据业内人员对系统试运行的反馈意见和现场对比测试结果，进行了多次的改进优化和完善，已完成数据库设计、系统管理、监测站点数据管理与影像下载管理、水量水质计算及统计分析、水资源状况计算和统计分析等功能模块的开发，如图 7.7～图 7.10 所示。

（a）系统登录

（b）用户管理

图 7.7 登录认证与用户管理

（a）监测站点数据管理

（b）遥感影像下载参数配置

图 7.8 监测站点数据管理与遥感影像下载管理

（a）水量水质动态反演结果列表

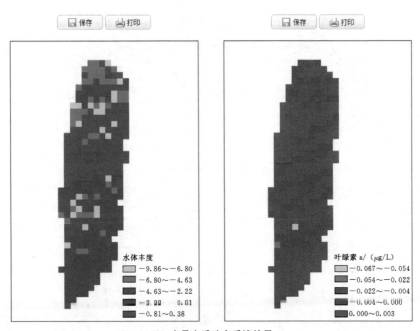

（b）水量水质动态反演结果

图 7.9　水量水质动态反演

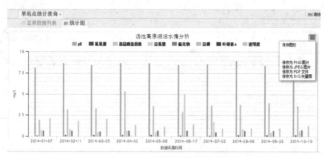

（a）年、月、日监测数据统计图

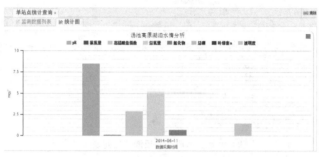

（b）月监测数据统计图

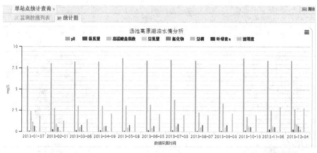

（c）年监测数据统计图

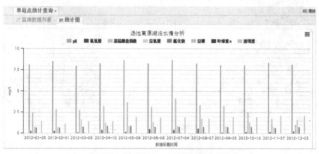

（d）单站点历年同月、日监测数据统计图

图 7.10　监测数据统计图

8

结　论

　　本书以云南滇池、洱海、程海、泸沽湖、抚仙湖、星云湖、异龙湖、杞麓湖和阳宗海等九湖为研究对象，对云南九湖水资源开发利用现状和富营养化的主要成因进行了定量分析，明晰了各湖泊所面临的主要问题和最为需要进行水质监测的对象。以云南省水文水资源局长期观测的地面水量、水质观测数据为基础，分别以 SPOT 卫星影像、MODIS 卫星影像、HJ1A/1B 卫星影像等卫星数据对云南九湖水量和水质参数开展了定量反演遥感实验，建立了反演算法和流程。通过整合 WebGIS 技术和 GIS 分析技术，研发了基于多源卫星的云南高原湖泊水资源动态测报系统，并将遥感反演和融合算法集成其中。本书取得的主要成果如下：

　　（1）全面分析了云南九湖的水资源开发现状、水质特征和变化趋势。

　　在收集整理云南省水文水资源局 2008 年以来的所有水量、水质观测数据的基础上，结合野外调查，按照相关标准，对九湖进行了水质综合类别评价，对湖泊进行了营养状态评价和趋势分析；根据评价结果，分析了各湖泊不同水功能区水质状况，指出了各湖泊主要污染物和水污染、水生态特征。根据监测资料选取具有代表性的水质指标，对九湖水质变化趋势进行了分析。根据监测和评价分析结果，提出了九湖水资源监测和管理的建议，并编制完成了《云南省高原湖泊水质特征变化及趋势分析报告》。

　　（2）开发了一种基于移动窗口和可行域的亚像元分解算法，并应用到九湖流域，算法代码已集成到水资源监测系统中。开发了一种改进的亚像元线性解混算法，解决了该算法中的两个技术关键：①用直方图确定可行域；②利用移动窗口查找满足可行域的纯净像元。基于 Suomi NPP – VIIRS 数据和亚像元算法提取的九湖流域边界与 Landsat 的目视解译结果叠加分析表明：亚像元制图结果的水域范围相较于直接对 Suomi NPP – VIIRS 影像分类得到的水域范围在精度上具有明显的提高，表明这种方法可以有效地降低混合像元问题对水域边界确定的影响。该算法成果已发表在国际权威期刊 *Remote Sensing Letters* 上，已被 SCI 引用 11 次。

　　（3）研发了一种面向水体动态监测的多源遥感影像时空融合技术，并应用到九湖流域，算法代码已集成到水资源监测系统中。对湖泊水域进行动态监测常常要求高的空间分辨率以实现高精度的监测和高的时间分辨率以实现高强度的监测，但是，目前绝大多数遥感影像都存在时空分辨率相互制约的矛盾，很少有兼具高时间分辨率和高空间分辨率的遥感影像可用。本书尝试融合高时间分辨率的 Suomi NPP - VIIRS 数据和高空间分辨率的 Landsat 数据以实现对湖泊水域高时空分辨率的动态监测。本书使用了目前较为流行的时空融合模型 ESTARFM 和 mNDWI 水体指数，分别对比了两种结合方式，即先融合后计算指数（BI）和先计算指数后融合（IB），研究发现，两种方式均可以得到具有一定精度的高分辨率湖泊水域监测结果，说明 ESTARFM 这种时空融合的模型，不仅仅可以用来融合原始的多光谱波段，还可以用来融合指数图像。而且，使用这种融合指数的方式，比先融合波段再计算指数得到的结果在精度上还更高一些，考虑到融合指数的方式只需要进行一次融合，而融合波段的方式需要进行多次融合（本书中需要先后融合绿波段和短波红外波段，共两次融合），前者在计算量上也大大缩小。因此，建议在需要实现类似目的时，可先尝试计算相应的指数，然后使用融合模型直接对指数图像进行融合，既可以减少计算量、节省计算时间，还可以提高精度，避免因多次融合引入过多的误差。该算法成果已发表在国际权威期刊 *Remote Sensing* 上，已被 SCI 引用 6 次。

（4）基于 2013—2014 年的 SPOT 6/7 影像和 1986 年、1995 年、2000 年、2007 年、2015 年的 Landsat 系列高分辨率遥感影像，对九湖水面面积的变化动态进行了监测。利用全色波段空间分辨率为 1.5m、多光谱波空间分辨率为 6m 的 SPOT 6 和 SPOT 7 的 2013—2014 年遥感卫星影像，并对遥感影像进行辐射校正、几何校正和目视解译，获取了九湖的最新空间分布。基于该遥感影像对从其他来源获取的 1986 年、1995 年、2000 年、2007 年和 2015 年的 Landsat MSS、Landsat TM/ETM＋、Landsat 8 OLI 遥感影像进行了几何精纠正，并目视解译获取了九湖的变化动态。与从地球数据共享中心获取的 1986 年、1995 年和 2000 年的九湖边界对比发现，共享数据中的边界存在明显的偏移和湖体位置不准确的情况，因此，基于新的数据获取九湖的变化动态尤为重要。而且，基于 SPOT 6/7 的高空间分辨率的湖泊范围也为其他遥感水体获取验证和水质反演水体范围剪裁提供了依据。

云南高原湖泊水面面积在 1989—2015 年间总体上呈少量萎缩，共减少了约 30km^2（约 3％），说明九湖水面面积整体较为稳定，但杞麓湖水面面积持续萎缩，2015 年已萎缩约 40％。2015 年九湖水面面积均小于 2007 年，说明近几年的连续干旱已对湖体水面面积产生了显著影响。2015 年 Landsat 8 OLI

数据与 SPOT6/7 解译的九湖水面面积对比表明，不同空间分辨率的解译结果有显著差异（甚至达 10%），说明在采用多源遥感数据进行湖泊水面面积解译时需要考虑不同空间分辨率的影响。这表明在对不同时段的遥感监测结果进行对比时必须考虑空间分辨率的差异，也进一步表明在采用低分辨率遥感影像进行长时间的动态监测时，必须配合亚像元算法才能达到更好的效果。

（5）基于 MODIS 卫星遥感影像和 HJ-1B 卫星影像，应用"一湖一策，分季节"的策略分别建立了九湖叶绿素 a、总氮、透明度和藻类总细胞密度等水质参数的优化反演模型，优选模型数量超过百个。

对于 MODIS 卫星影像，本书共建立了 86 组叶绿素 a 浓度反演模型，并利用 R^2、$RMSE$、NSE 系数综合选择出了适合九湖的 9 个最佳组合模型；共建立了 146 组透明度反演模型，优选出了适合九湖的 35 个最佳组合模型；共建立了 128 组藻类总细胞密度反演模型，优选出了适合九湖的 34 个最佳组合模型。

对于 HJ-1B 卫星影像，共建立了 86 组叶绿素 a 浓度反演模型，并利用 R^2、$RMSE$、NSE 系数综合选择出了适合九湖的 9 个最佳组合模型；建立了 77 组总氮反演模型，优选出了 7 个最佳组合模型；共建立了 86 组透明度反演模型，优选出了 9 个最佳组合模型；建立了 86 组藻类总细胞密度反演模型，优选出了 9 个最佳组合模型。从空间分布规律和变化趋势看，HJ-1B 影像获取的水质反演结果具有同样的规律，但 HJ-1B 影像存档的数据连续性较差，水质的长期监测主要依靠 MODIS 影像。

（6）集成开发的遥感反演算法和融合算法，完成了基于多源卫星的云南高原湖泊水资源动态测报系统建设。以 J2EE 为平台进行开发，通过整合 WebGIS 技术和 GIS 分析技术，并集成本书开发的亚像元分析算法、多源遥感数据融合算法、水质参数反演算法等自主知识产权算法，构建了包括多源原始数据管理、反演融合算法调用、水资源相关数据管理、水资源数据空间展示四大部分的基于多源卫星的云南高原湖泊水资源动态测报系统。该系统逻辑层次自底向上包括 6 层，即基础设施层、数据资源层、模型算法层、功能层、服务层和用户层。该系统实现的主要功能有：①水资源监测数据分布式统计分析；②遥感数据的自动下载和管理；③多源遥感数据湖泊水量和水质自动反演；④多源遥感反演结果与不同空间分辨率数据的融合及展示；⑤依据遥感反演的水量和水质结果进行水资源量的空间可视化展示。该系统能够有效提高云南高原湖泊水资源量的测报能力。

参 考 文 献

车向红，冯敏，姜浩，等，2015. 2000—2013 年青藏高原湖泊面积 MODIS 遥感监测分析 [J]. 地球信息科学学报，17（1）：99-107.

陈军，温珍河，付军，等，2011. 水质遥感原理与应用 [M]. 北京：海洋出版社.

程明跃，勤叶，张绍明，等，2009. 基于模糊加权 SVM 的 SAR 图像水体自动检测 [J]. 计算机工程，35（2）：219-221.

崔嘉宇，郁建桥，吕学研，等，2014. 太湖富营养化指标 BP 人工神经网络预测模型的建立 [J]. 环境研究与监测，27（3）：50-54.

窦建力，陈鹰，翁玉坤，2008. 基于序列非线性滤波 SAR 影像水体自动提取 [J]. 测绘通报，（9）：37-39.

段洪涛，张柏，宋开山，等，2005. 长春市南湖富营养化高光谱遥感监测模型 [J]. 湖泊科学，17（3）：282-288.

龟山哲，张继群，王勤学，等，2004. 应用 Terra/MODIS 卫星数据估算洞庭湖蓄水量的变化 [J]. 地理学报，59（1）：88-94.

胡争光，王祎婷，池天河，等，2007. 基于混合像元分解和双边界提取的湖泊面积变化监测 [J]. 遥感信息，（3）：34-38.

黄昌春，李云梅，王桥，等，2013. 悬浮颗粒物和叶绿素普适性生物光学反演模型 [J]. 红外与毫米波学报，32（5）：462-467.

纪伟涛，邬国锋，吴建东，等，2010. 大湖池水体透明度、水位及两者之间关系分析 [J]. 水资源保护，26（1）：36-39.

柯长青，2001. 基于地图与遥感信息的大纵湖近期水域变化研究 [J]. 海洋湖沼通报，（2）：16-22.

孔维娟，马荣华，段洪涛，2009. 结合温度因子估算太湖叶绿素a含量的神经网络模型 [J]. 湖泊科学，21（2）：193-198.

乐成峰，李云梅，孙德勇，等，2007. 基于季节分异的太湖叶绿素浓度反演模型研究 [J]. 遥感学报，11（4）：473-480.

雷坤，郑丙辉，王桥，2004. 基于中巴地球资源1号卫星的太湖表层水体水质遥感 [J]. 环境科学学报，24（3）：376-380.

李建平，吴立波，戴永康，等，2007. 不同氮磷比对淡水藻类生长的影响及水环境因子的变化 [J]. 生态环境，16（2）：342-346.

李静，吴连喜，周珏，2007. 遥感变化检测技术发展综述 [J]. 水利科技与经济，13（3）：153-155.

李一平，滑磊，谈永锋，等，2013. 基于生物-光学模型的浅水湖泊水体透明度模拟研究 [J]. 水力发电学报，32（6）：127-134.

刘晨洲，施建成，高帅，等，2010. 基于改进混合像元方法的 MODIS 影像水体提取研究 [J]. 遥感信息，（1）：84-88.

刘瑞霞，刘玉洁，2008. 近 20 年青海湖湖水面积变化遥感 [J]. 湖泊科学，20（1）：135-138.

吕恒，江南，罗潋葱，2006. 基于 TM 数据的太湖叶绿素 a 浓度定量 [J]. 地理科学，26（4）：472-476.

马丹，2008. 基于 MODIS 数据的水体提取研究 [J]. 地理空间信息，6（1）：25-28.

马荣华，段洪涛，唐军武，等，2010. 湖泊水环境遥感 [M]. 北京：科学出版社.

潘邦龙，易维宁，王先华，等，2011. 基于环境一号卫星超光谱数据的多元回归克里格模型反演湖泊总氮浓度的研究 [J]. 光谱学与光谱分析，31（7）：1884-1888.

彭顺风，李凤生，黄云，2008. 基于 RADARSAT-1 影像的洪涝评估方法 [J]. 水文，28（2）：34-37.

申邵洪，谭德宝，陈蓓青，2008. 基于 KI 算法的多时相 ASAR 影像水面信息变化检测 [J]. 长江科学院院报，25（2）：29-32.

唐伶俐，戴昌达，1998. 雷达卫星图像与 TM 复合快速反应'98 洪涝灾情 [J]. 遥感信息，（4）：14-15.

王爱华，史学军，杨春和，等，2009. 基于 CBERS 数据的农区水体透明度遥感模型研究 [J]. 遥感技术与应用，24（2）：172-179.

王得玉，冯学智，2005. 基于 TM 影像的钱塘江入海口水体透明度的时空变化分析 [J]. 江西师范大学（自然科学版），29（2）：185-189.

王海波，马明国，2009. 基于遥感的湖泊水域动态变化监测研究进展 [J]. 遥感技术与应用，24（5）：674-684.

王珊珊，李云梅，王永波，等，2015. 太湖水体叶绿素浓度反演模型适宜性分析 [J]. 湖泊科学，27（1）：150-162.

王学军，马延，2000. 应用遥感技术监测和评价太湖水质状况 [J]. 环境科学，21（6）：65-68.

王震，邹华，杨桂军，等，2014. 太湖叶绿素 a 的时空分布特征及其与环境因子的相关关系 [J]. 湖泊科学，26（4）：567-575.

王震宇，孙振谦，2005. 黄河下游河势及洪水遥感监测技术 [C] //. 第七届全国水动力学学术会议暨第十九届全国水动力学研讨会论文集.

邬伦，刘瑜，张晶，等，2005. 地理信息系统——原理、方法和应用 [M]. 北京：科学出版社.

徐良将，贾昌春，李云梅，等，2013. 基于高光谱遥感反射率的总氮总磷的反演 [J]. 遥感技术与应用，28（4）：681-688.

徐祎凡，李云梅，王桥，等，2011. 基于环境一号卫星多光谱影像数据的三湖一库富营养化状态评价 [J]. 环境科学学报，31（1）：81-93.

杨存建，周成虎，2001. 利用 RADARSAT SWA SAR 和 LANDSAT TM 的互补信息确定洪水水体范围 [J]. 自然灾害学报，10 (2)：79-83.

杨存建，魏一鸣，陈德清，1998. 基于星载雷达的洪水灾害淹没范围获取方法探讨 [J]. 自然灾害学报，7 (3)：45-50.

杨存建，魏一鸣，王思远，等，2002. 基于 DEM 的 SAR 图像洪水水体的提取 [J]. 自然灾害学报，11 (3)：121-125.

杨丽华，卓奋，1996. 湖泊水体磷污染及其防治对策 [J]. 污染防治技术，9 (1-2)：47-49.

杨伟，陈晋，松下文经，2009. 基于生物光学模型的水体叶绿素浓度反演算法 [J]. 光谱学光谱分析，29 (1)：39-41.

杨一鹏，王桥，肖青，等，2006. 基于 TM 数据的太湖叶绿素 a 浓度定量遥感反演方法研究 [J]. 地理与地理信息科学，22 (2)：5-8.

尹球，巩彩兰，匡定波，等，2005. 湖泊水质卫星遥感方法及其应用 [J]. 红外与毫米波学报，24 (3)：198-202.

于雪英，江南，2003. 基于 RS、GIS 技术的湖面变化信息提取与分析——以艾比湖为例 [J]. 湖泊科学，15 (1)：81-84.

张兵，申茜，李俊生，等，2009. 太湖水体 3 种典型水质参数的高光谱遥感反演 [J]. 湖泊科学，21 (2)：182-192.

张晗，夏丹宁，张昊成，等，2011. 基于混合像元分解的武汉市湖泊面积变化监测 [J]. 长江科学院院报，28 (5)：67-70+74.

张洪恩，施建成，刘素红，2006. 湖泊亚像元填图算法研究 [J]. 水科学进展，17 (3)：376-382.

张怀利，倪国强，许廷发，等，2009. 从 SAR 遥感图像中提取水域的一种双模式结合方法 [J]. 光学技术，35 (1)：77-83.

赵碧云，贺彬，朱云燕，等，2003. 滇池水体中透明度的遥感定量模型研究 [J]. 环境科学与技术，26 (2)：16-17.

郑伟，刘闯，曹云刚，等，2007. 基于 Asar 与 TM 图像的洪水淹没范围提取 [J]. 测绘科学，32 (5)：180-181.

中华人民共和国水利部，1998. SL 219—98：水质监测规范 [S]. 北京：中国水利水电出版社.

周成虎，骆剑承，杨晓梅，1999. 遥感影像地学理解与分析 [M]. 北京：科学出版社.

朱俊杰，郭华东，范湘涛，2005. 高分辨率 SAR 图像的水体边缘快速自动与精确检测 [J]. 遥感信息，(5)：29-31.

朱俊杰，郭华东，范湘涛，等，2006. 基于纹理与成像知识的高分辨率 SAR 图像水体检测 [J]. 水科学进展，17 (4)：525-530.

朱子先，臧淑英，2012. 基于遗传神经网络的克钦湖叶绿素反演研究 [J]. 地球科学进展，27 (2)：202-208.

邬国锋，刘耀林，纪伟涛，2007. 基于 TM 影像的水体透明度反演模型——以鄱阳湖国家自然保护区为例 [J]. 湖泊科学，19 （3）：235 – 240.

Ahn Y H，Shanmugam P，2007. Derivation and analysis of the fluorescence algorithms to estimate phytoplankton pigment concentrations in optically complex coastal waters [J]. Journal of Optics A – Pure And Applied Optics, 9 （4）：352 – 362.

Bai J，Chen X，Li J，et al，2011. Changes in the area of inland lakes in arid regions of central Asia during the past 30 years [J]. Environmental Monitoring and Assessment，178：247 – 256.

Barber D G，Hochheim K P，Dixon R，et al ，1996. The role of Earth observation technologies in flood mapping：A Manitoba case study [J]. Canadian Journal of Remote Sensing，22：137 – 143.

Bulgakov N G，Levich A P，1999. The nitrogen：phosphorus ratio as a factor regulating phytoplankton community structure [J]. Archives FÜ Hydrobiologic, 146：3 – 22.

Chacon – Torres，A Ross，L Beveridge，et al，1992. The application of SPOT multispectral imagery for the assessment of water quality in Lake Patzcuaro，Mexico [J]. International Journal of Remote Sensing，13：587 – 603.

Chen Y，Wang B，Pollino C A，et al，2014. Estimate of flood inundation and retention on wetlands using remote sensing and GIS [J]. Ecohydrology，7：1412 – 1420.

Chowdary V M，Chandran R V，Neeti N，et al，2008. Assessment of surface and sub – surface waterlogged areas in irrigation command areas of Bihar state using remote sensing and GIS [J]. Agricultural Water Management，95：754 – 766.

Di K，Wang J，Ma R，et al，2003. Automatic shoreline extraction from high – resolution IKONOS satellite imagery [C] //. Proceeding of ASPRS 2003 Annual Conference.

Ding X，Li X，2011. Monitoring of the water – area variations of Lake Dongting in China with ENVISAT ASAR images [J]. International Journal of Applied Earth Observation and Geoinformation，13：894 – 901.

Domenikiotis C，Loukas A，N R D，2003. The use of NOAA/AVHRR satellite data for monitoring and assessment of forest flres and flood [J]. Natural Hazards and Earth System Sciences，3：115 – 128.

Donald C，Strombeck N，2001. Estimation of radiance reflectance and the concentration of optically active substances in Lake Malaren，Sweden based on direct and inverse solutions of a simple model [J]. The Science of the Total Environment，268：171 – 188.

Feng L，Hu C，Chen X，et al，2013. Dramatic Inundation Changes of China's Two Largest Freshwater Lakes Linked to the Three Gorges Dam [J]. Environmental Science & Technology，47：9628 – 9634.

Feng L，Hu C，Chen X，et al，2011. MODIS observations of the bottom topography and its inter – annual variability of Poyang Lake [J]. Remote Sensing of Environment，115：2729 – 2741.

Feng L，Hu C M，Chen X L，et al，2012. Assessment of inundation changes of Poyang

Lake using MODIS observations between 2000 and 2010 [J]. Remote Sensing of Environment, 121: 80 - 92.

Feyisa G L. , Meilby H, Fensholt R, et al, 2014. Automated Water Extraction Index: A new technique for surface water mapping using Landsat imagery [J]. Remote Sensing of Environment, 140: 23 - 35.

Fisher A, Flood N, Danaher T, 2016. Comparing Landsat water index methods for automated water classification in eastern Australia [J]. Remote Sensing of Environment, 175: 167 - 182.

Frazier P S, Page K J, 2000. Water body detection and delineation with Landsat TM data [J]. Photogrammetric Engineering and Remote Sensing, 66: 1461 - 1467.

Gao B C, 1996. NDWI - A normalized difference water index for remote sensing of vegetation liquid water from space [J]. Remote Sensing of Environment, 58: 257 - 266.

Gao F, Masek J, Schwaller M, et al, 2006. On the blending of the Landsat and MODIS surface reflectance: Predicting daily Landsat surface reflectance [J]. Ieee Transactions on Geoscience and Remote Sensing, 44: 2207 - 2218.

Giardino C, Pepe M, Brivio P A, et al, 2001. Delecting chlorophyll, secchi disk depth and surface temperature in a sub - alpine lake using landsat imagery [J]. The Science of The Total Environment, 286 (1 - 3): 19 - 29.

Grunblatt J, Atwood D, 2014. Mapping lakes for winter liquid water availability using SAR on the North Slope of Alaska [J]. International Journal of Applied Earth Observation and Geoinformation, 27: Part A: 63 - 69.

Guerschman J P, Byrne G, Gonzalez - Orozco C, et al, 2009. Continental estimation of sub - pixel standing water fractions using the MODIS sensors: method development and potential application for water accounting and assessment in Australia [C] // 18th World Imacs Congress and Modsim09 International Congress on Modelling and Simulation: Interfacing Modelling and Simulation with Mathematical and Computational Sciences: 3718 - 3725.

Guirguis S, Hassan H, El - Raey M, et al, 1996. Technical Note Multi - temporal change of Lake Brullus, Egypt, from 1983 to 1991 [J]. International Journal of Remote Sensing, 17: 2915 - 2921.

Han X, Chen X, Feng L, 2015. Four decades of winter wetland changes in Poyang Lake based on Landsat observations between 1973 and 2013 [J]. Remote Sensing of Environment, 156: 426 - 437.

Heng Lyu, Xiaojun Li, Yannan Wang, et al, 2015. Evaluation of chlorophyll - a retrieval algorithms based on MERIS bands for optically varying eutrophic inland lakes [J]. Science of the Total Environment, s 530 - 531: 373 - 382.

Horritt M S, Mason D C, Luckman A J, 2001. Flood boundary delineation from Synthetic Aperture Radar imagery using a statistical active contour model [J]. International Journal of Remote Sensing, 22: 2489 - 2507.

Huang C, Chen Y, Wu J, 2014. Mapping spatio – temporal flood inundation dynamics at large river basin scale using time – series flow data and MODIS imagery [J]. International Journal of Applied Earth Observation and Geoinformation, 26: 350 – 362.

Huang C, Chen Y, Wu J, et al, 2015. An Evaluation of Suomi NPP – VIIRS Data for Surface Water Detection [J]. Remote Sensing Letters, 6: 155 – 164.

Huang C, Chen Y, Zhang S, et al, 2016a. Surface Water Mapping from Suomi NPP – VIIRS Imagery at 30 m Resolution via Blending with Landsat Data [J]. Remote Sensing, 8: 631.

Huang C, Zan X, Yang X, et al, 2016b. Surface Water Change Detection Using Change Vector Analysis [C] //International Geoscience and Remote Sensing Symposium, Beijing, China: IEEE.

Huang S, Li J, Xu M, 2012. Water surface variations monitoring and flood hazard analysis in Dongting Lake area using long – term Terra/MODIS data time series [J]. Natural Hazards, 62: 93 – 100.

Hui F M, Xu B, Huang H B, et al, 2008. Modelling spatial – temporal change of Poyang Lake using multitemporal Landsat imagery [J]. International Journal of Remote Sensing, 29: 5767 – 5784.

Ji L, Zhang L, Wylie B, 2009. Analysis of Dynamic Thresholds for the Normalized Difference Water Index [J]. Photogrammetric Engineering and Remote Sensing, 75: 1307 – 1317.

Jiang H, Feng M, Zhu Y, et al, 2014. An Automated Method for Extracting Rivers and Lakes from Landsat Imagery [J]. Remote Sensing, 6: 5067 – 5089.

Kloiber S M, Brezonik P L, Bauer M E, 2002. Application of landsat imagery to regional assessment of lake clarity [J]. Water Research, 36 (17): 4330 – 4340.

Kondratyev K Ya, 1998. Water quality remote sensing in the visible spectrum [J]. Remote Sensing, 19 (5): 957 – 979.

Koponen S, Pulliainena J, Kallio K, et al, 2002. Lake water quality classification with airborne hyperspectral spectrometer and simulated MERIS data [J]. Remote Sensing of Environment (79): 51 – 59.

Li R, Li J, 2004. Satellite remote sensing technology for lake water clarity monitoring: an overview [J]. Environmental Informatics Archives, 2: 893 – 901.

Li R, Di K, Ma R, 2003. 3 – D shoreline extraction from IKONOS satellite imagery [J]. Marine Geodesy, 26: 107 – 115.

Lu S L, Wu B F, Yan N N, et al, 2011. Water body mapping method with HJ – 1A/B satellite imagery [J]. International Journal of Applied Earth Observation and Geoinformation, 13: 428 – 434.

Majid Nazeer, Janet E Nichol, 2016. Development and application of a remote sensing – based Chlorophyll – a concentration prediction model for complex coastal waters of Hong Kong [J]. Journal of Hydrology, 532 (1): 80 – 89.

Mason D C, Schumann G J P, Neal J C, et al, 2012. Automatic near real‐time selection of flood water levels from high resolution Synthetic Aperture Radar images for assimilation into hydraulic models: A case study [J]. Remote Sensing of Environment, 124: 705–716.

McFeeters S K, 1996. The use of the normalized difference water index (NDWI) in the delineation of open water features [J]. International Journal of Remote Sensing, 17: 1425–1432.

Michishita R, Gong P, Xu B, 2012. Spectral mixture analysis for bi‐sensor wetland mapping using Landsat TM and Terra MODIS data [J]. International Journal of Remote Sensing, 33: 3373–3401.

Moss B, 2012. Cogs in the endless machine: lakes, climate change and nutrient cycles: a review [J]. Science of the Total Environment, 434: 130–142.

Nellis M D, Harrington J A, Wu J, 1998. Remote sensing of temporal and spatial variations in pool size, suspended sediment, turbidity, and Secchi depth in Tuttle Creek Reservoir, Kansas: 1993 [J]. Geomorphology, 21: 281–293.

Nelson S A C, 2003. Regional assessment of lake water clarity using satellite remote sensing [J]. Journal of Limnology, 62 (1): 27–32.

Ordoyne C, Friedl M A, 2008. Using MODIS data to characterize seasonal inundation patterns in the Florida Everglades [J]. Remote Sensing of Environment, 112: 4107–4119.

Paul L, Charit ha P, Alex W, et al, 1993. Water quality monitoring in estuarine waters using the landsat thematic mapper [J]. Remote Sensing of Environment, 46: 268–280.

Rebelo L M, 2010. Eco‐hydrological characterization of inland wetlands in Africa using L‐band SAR [J]. Ieee Journal of Selected Topics in Applied Earth Observations and Remote Sensing, 3: 554–559.

Sakamoto T, Van Nguyen N, Kotera A, et al, 2007. Detecting temporal changes in the extent of annual flooding within the Cambodia and the Vietnamese Mekong Delta from MODIS time‐series imagery [J]. Remote Sensing of Environment, 109: 295–313.

Sanyal J, Lu X X, 2004. Application of remote sensing in flood management with special reference to monsoon Asia: A review [J]. Natural Hazards, 33: 283–301.

Schneider S R, McGinnis D F, Stephens G, 1985. Monitoring Africa's Lake Chad basin with LANDSAT and NOAA satellite data [J]. International Journal of Remote Sensing, 6: 59–73.

Shah C A, 2011. Automated Lake Shoreline Mapping at Subpixel Accuracy [J]. Geoscience and Remote Sensing Letters, IEEE, 8: 1125–1129.

Smith L C, 1997. Satellite remote sensing of river inundation area, stage, and discharge: A review [J]. Hydrological Processes, 11: 1427–1439.

Steven M K, Patrivk L B, Leif G O, et al, 2002. A procedure for regional lake water clarity assessment using landsat multi‐spectral data [J]. Remote Sensing of Environment,

82: 38 - 47.

Strozzi T, Wiesmann A, Kääb A, et al, 2012. Glacial lake mapping with very high resolution satellite SAR data [J]. Natural Hazards and Earth System Sciences, 12: 2487 - 2498.

Sun D L, Yu Y Y, Goldberg M D, 2011. Deriving water fraction and flood maps from MODIS images using a decision tree approach [J]. Ieee Journal of Selected Topics in Applied Earth Observations and Remote Sensing, 4: 814 - 825.

Suttle C A, Harrison P J, 1988. Ammonium and phosphate uptake rates, N: P supply ratios, and evidence for N and P limitation in some oligotrophic lakes [J]. Limnology Oceanography, 33: 186 - 202.

Tebbs E J, Remedios J J, Harper D M, 2013. Remote sensing of chlorophyll - a as a measure of cyanobacterial biomass in Lake Bogoria, a hypertrophic, saline - alkaline, flamingo lake, using Landsat ETM+ [J]. Remote Sensing of Environment, 135: 92 - 106.

Therese Harvey E, Susanne Kratzer, Petra Philipson, 2015. Satellite - based water quality monitoring for improved spatial and temporal retrieval of chlorophyll - a in coastal waters [J]. Remote Sensing of Environment, 158: 417 - 430.

Thiemann S, Kaufmann H, 2000. Determination of chlorophyll content and trophic state of lakes using field spectrometer and IRS - IC satellite data in the mecklenbury lake district, Germany [J]. Remote Sensing of Environment, 73: 227 - 235.

Townshend J R G, Justice C O, 1986. Analysis of the dynamics of African vegetation using the Normalized Difference Vegetation Index [J]. International Journal of Remote Sensing, 7: 1435 - 1445.

Tulbure M G, Broich M, Stehman S V, et al, 2016. Surface water extent dynamics from three decades of seasonally continuous Landsat time series at subcontinental scale in a semi - arid region [J]. Remote Sensing of Environment, 178: 142 - 157.

Twele A, Cao W, Plank S, et al, 2016. Sentinel - 1 - based flood mapping: a fully automated processing chain [J]. International Journal of Remote Sensing, 37: 2990 - 3004.

Wegmüller U, Werner C, Nuesch D, et al, 1995. Forest mapping using ERS repeat - pass SAR interferometry [J]. Earth Observation Quarterly, 4 - 7.

Wei X - h, Du Y, Nakayama Y, et al, 2005. Changes of lake surface area in the Four - lake Area over the past decades [J]. Resources and Environment in the Yangtze Basin, 14: 293 - 297.

Xiao X, Boles S, Frolking S, et al, 2002. Observation of flooding and rice transplanting of paddy rice fields at the site to landscape scales in China using VEGETATION sensor data [J]. International Journal of Remote Sensing, 23: 3009 - 3022.

Xiao X, Zhang Q, Braswell B, et al, 2004. Modeling gross primary production of temperate deciduous broadleaf forest using satellite images and climate data [J]. Remote Sensing of Environment, 91: 256 - 270.

Xie H, Luo X, Xu X, et al, 2016. Evaluation of Landsat 8 OLI imagery for unsupervised inland water extraction [J]. International Journal of Remote Sensing, 37: 1826 – 1844.

Xu H Q, 2006. Modification of normalised difference water index (NDWI) to enhance open water features in remotely sensed imagery [J]. International Journal of Remote Sensing, 27: 3025 – 3033.

Yan L J, Qi W, 2012. Lakes in Tibetan Plateau extraction from remote sensing and their dynamic changes [J]. Diqiu Xuebao (Acta Geoscientica Sinica), 33: 65 – 74.

Yu Y, Privette J L, Pinheiro A C, 2005. Analysis of the NPOESS VIIRS land surface temperature algorithm using MODIS data [J]. Ieee Transactions on Geoscience and Remote Sensing, 43: 2340 – 2350.

Zhu X, Chen J, Gao F, et al, 2010. An enhanced spatial and temporal adaptive reflectance fusion model for complex heterogeneous regions [J]. Remote Sensing of Environment, 114: 2610 – 2623.